冰河演替与海陆沧桑之变

侍茂崇　侍小兵　编著

中国海洋大学出版社

·青岛·

图书在版编目(CIP)数据

冰河演替与海陆沧桑之变 / 侍茂崇，侍小兵编著.
-- 青岛 ：中国海洋大学出版社，2023.8
ISBN 978-7-5670-3595-9

Ⅰ. ①冰… Ⅱ. ①侍… ②侍… Ⅲ. ①气候变化-对策-研究-世界 Ⅳ. ①P467

中国国家版本馆 CIP 数据核字(2023)第 163486 号

BINGHE YANTI YU HAILU CANGSANG ZHIBIAN
冰河演替与海陆沧桑之变

出版发行 中国海洋大学出版社
社　　址 青岛市香港东路 23 号　　**邮政编码** 266071
网　　址 http://pub.ouc.edu.cn
出 版 人 刘文菁
责任编辑 赵孟欣
电　　话 0532－85902533
电子信箱 1774782741@qq.com
印　　制 青岛海蓝印刷有限责任公司
版　　次 2023 年 8 月第 1 版
印　　次 2023 年 8 月第 1 次印刷
成品尺寸 185 mm×260 mm
印　　张 11
字　　数 245 千
印　　数 1～700
定　　价 156.00 元
审 图 号 GS 鲁(2022)0165 号
订购电话 0532－82032573(传真)

目　录

第1章 冰期与冰川

1.1 神秘的怪物

西伯利亚永久冻土，就好像是一个冰冻的“时间胶囊”。而冻土融化之后，就相当于时间胶囊被打开来了。它给我们带来的，是数万年前的生物。

1.1.1 西伯利亚“大象”

1799年夏天，一件来自极地西伯利亚的新闻报道震惊了全世界：一个怪物在那里被发现。据说，一个正在捕鱼的渔民，看到他的狗跑到一堆冻石块前大口地吃着什么东西，这个渔民非常奇怪，因为这里没有可供狗吃的任何食物。他连忙跑去查看，发现竟是一个巨大的尸体！由于部分冻土融解，这个尸体才暴露出地面。看起来像一头大象，但是，不像现今人们所看到的大象浑身光滑溜圆，而是全身披满长毛。这个消息不胫而走，引起全世界的轰动。

对科学家来说，这是一个不解之谜，他们说：“象是属于非洲和印度热带陆地上的动物，怎么能不远万里跑到寒冷的北极地区？”有的人认为，这是报纸记者制造出来的神话，故意危言耸听，以促销报纸；有的人认为，这可能是海豹、海狮之类东西，因渔民看走了眼，致以讹传讹。但是，大多数严肃的科学家却不那样轻率从事，他们跑到图书馆，查文献，翻历史资料，向古代学者请教。说来也巧，一本史书上写过这么一段话：在古代，一支来自非洲的军队带着大象进入欧洲，军队的指挥官汉尼拔想用这些大象作为活坦克去恐吓罗马的敌人，驱赶它们越过阿尔卑斯山进入意大利。北极地区发现的大象可能是这个象群中逃出去的。这个看法在报纸上一经发表，许多生物、古地理学者率先赞成，在他们看来用现在书本上解释不清的东西，只能是偶然的奇迹。

可是，也有些人表示不满和怀疑，他们说：“是不是真有过汉尼拔的大象逃跑的事件发生，姑且存疑，但是逃跑的大象一跑就跑了6 500 km，并且一直跑到它不能适应的北极去，这是不可思议的。”

后来又有好几头这样的“怪物”陆续被发现，当然没有一具是活的，而且人们也没有看见过一个活的。于是西伯利亚人就自作聪明地解释说：“这些怪物住在地底下，是属于另一个世界的居民，一旦他们来到阳光下，他们就会死去。”他们还给这些“怪物”起了一个名字叫“猛母特”，在他们的语言中，这个名字就是“大地的生物”的意思。后来，全世界都用这个字音，中国人也把它译成“猛犸”。

猛犸，身高体壮，有粗壮的腿，脚生四趾，头特别大，全身披着厚厚的长毛。在其嘴部长出一对弯曲的大门牙。一头成熟的猛犸象，身长 5 m，体高 3 m，门齿长度 1.5 m 左右，重达 12 t，厚厚的脂肪层具有极强的御寒能力（图 1-1）。它们夏季以草类和豆类为食，冬季以灌木、树皮充饥，生活在冰天雪地的高寒地区并具备自身演进的本能。迄今为止，大约有 25 000 只猛犸尸体被发现，其中，体态保持完好的有 25 只。

图 1-1　西伯利亚猛犸象

与普通大象不同，它们并非生活在热带或亚热带，而是生存于亚欧大陆北部及北美洲北部几十万年前的寒冷地区。有充分证据证明，猛犸生活在 8 000～200 000 年前，这一点从欧亚大陆早期人类在岩壁上留下的追捕猛犸象的岩画中得到证实。猛犸象与人类共同生活很长时间，直到 4 000 多年前灭绝，是气候变化使得这巨兽遭受灭顶之灾。

18—19 世纪，不少商人从鞑靼人（东欧伏尔加河中游地区的居民）手中收购猛犸象牙，并靠挖掘和贩卖猛犸象牙而大发横财（图 1-2）。当时，人们从西伯利亚运出的猛犸象牙达到数千吨，可见那时买卖猛犸象牙的生意是何等兴旺。

图 1-2　西伯利亚人偷挖猛犸象牙

1.1.2 路易斯·阿加西斯

从此以后，更多的猛犸陆续被掘出，它们的骨骼和皮肤，由发现者送往自然博物馆，由科学家对它们进行认真的研究，在这万千的学者中，有一位叫路易斯·阿加西斯（Agassiz，Jeam Louis Rodolphe，1807—1873年）的瑞士籍教授，是值得大书一笔的。

在孩提时期，路易斯就非常喜欢去探索大自然的秘密，他学会潜入水下，并用他灵巧的双手抓鱼。他对收集鱼类就像一些人收集美丽蝴蝶那样有兴趣。

青年时期的路易斯进入苏黎世医科学校。两年以后，他升入了海德堡大学，学习生理学、解剖学和植物学。1829年，他在埃尔兰根大学获得生理学博士学位，1930年，在慕尼黑大学获得医学博士头衔。

在大学期间，路易斯被巴西探险家冯·马蒂纳斯选为助手，负责描述考察期间收集的鱼类。

他研究过去和现在的动物。"古代的动物和现在相比是多么的不同!"他说，"我惊奇的是，为什么古代那样多的生物现在消失了，是谁把他们逐出历史舞台，是人还是大自然本身的力量?"

一天，他到自然博物馆去参观，在那里，他看到从西伯利亚送来的猛犸的骨骼和一片皮肤，这块皮肤为红色长毛所覆盖，一些黑色长发从红毛中露出来。

路易斯久久伫立在这堆骨骼和皮肤面前。他的思想飞到北极的冰原，他似乎看到这个庞然大物又苏醒过来。

"我非常奇怪"，他对自己说："若有这种大象的话，即使全身披挂长毛，那么它又怎能在这寒冷的北极地区生活？它们是如何到了那里？怎样死掉？身上皮肉如何能保持这样长时间?"一系列问号，在他脑中回旋盘转，从脑海这岸激荡到彼岸。

他跑去问有关的教授们，教授听到他连珠炮似的发问，只好无可奈何地耸一耸肩膀，表示从未看到和想到这些问题。"难道汉尼拔的象群走失的故事是真的？不可能，我要继续钻研这个问题。"

当路易斯自己成为教授的时候，这些猛犸象的巨影，更加频繁地浮现在脑海，他无法忘记这些已经消失的生物，他要解开其中的奥秘。

学业完成后，他回到自己的国家。路易斯从他的朋友，一个名字叫卡盘梯尔的工程师那里，听到一些奇怪的事情。这个人是山地冰川的爱好者，每年都把假期时间花在探查阿尔卑斯的冰川上。阿尔卑斯山，位于欧洲中南部，覆盖了意大利北部、法国东南部、瑞士、列支敦士登、奥地利、德国南部及斯洛文尼亚；山脉呈弧形，长1 200 km，宽130～260 km，平均海拔约3 000 m（图1-3）；最高峰是勃朗峰，海拔4 810 m。

图 1-3 阿尔卑斯山脉

他告诉路易斯说，在阿尔卑斯山峡谷的低处，躺着许多砾石，这些砾石的成分和与它们紧邻的岩床成分完全不同。为了溯本求源，探求这些砾石的出处，他选择其中一个名叫“容”的峡谷作为出发点，然后攀山越岭向高处爬去，最后，他找到了和这些砾石完全相同的岩石成分。

“什么力量使这些石块运动?”路易斯问，“是洪水把它们冲到下面去的?”

“不，”卡盘梯尔摇着头，“这只是大多数人的看法，然而，生活在高山处的农民告诉我，不是洪水，而是冰川。”

“冰川?”路易斯站起来，“这是不可能的，冰川是在山的很高的地方，并且是不运动的，它怎么能把石块推到山下低洼的地方去?”

“这是一种错觉，冰川是在运动的，不过运动速度非常缓慢罢了。”卡盘梯尔继续说，“这些农民看到一些砾石躺在冰川之上并且每年都向下运动一定距离，他们认为，这些冰川过去要比现在长，是它们把这些大大小小的砾石巨块从山上搬到谷地和平原，他们把这些砾石叫作‘迷路者’——一群无家可归的孩子”。

路易斯还不能一下子就相信这个故事：“冰川怎么能从山上一直伸展到瑞士的平原?”他想，“要知道山脚下的温暖气候对冰川是非常不利的。”

路易斯是一个求知欲非常强烈的科学家，他不是简单地耸一耸肩膀了事，他决定亲自到现场看一看，以便确定真假。

在他的暑假里，他和几个朋友动身到阿尔卑斯山的峡谷中去，在那里，他有了举世震惊的发现。

1.1.3 冰川初探

路易斯和他的朋友沿着这条著名的“容”峡谷向上爬，一直到顶，不断测量这里“冰化石”的长度。所谓冰化石就是那些大小砾石和黑色的泥土。

当这小队人马沿峡谷步行向下时，同样的物质也堆积在冰川前面的地面上。很显然，它们是作为冰川的融解物而被弄到这里来的。在离冰川好几千米的地方，它们爬过一个又一个的泥土和砾石的小丘，有大一些的，也有小一些的，它们都是由冰川带来的冰碛物所构成(1-4)。

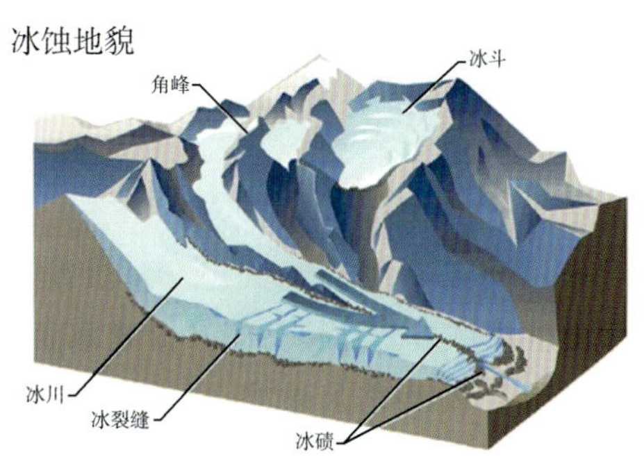

图 1-4　阿尔卑斯山冰碛

远离冰川，这些“迷途”的砾石块到处散布，而那里的岩床被刮削得如此光滑，看起来像绸子一样。一些地方的岩石上还有长长的沟槽，这些记号决不是雨水所能造成的，只有冰河中坚冰的刮削才办得到(图 1-5)。

图 1-5　冰川的刻蚀

暑假的末尾，路易斯终于承认卡盘梯尔是正确的，冰川是充满冰体的冰河，它填满整个峡谷，搬运一切可以带动的物质，乘势而下，刮削两边岩体一直到达山脚，然后在平原上分散开来。

回到大学后，他每天都从事繁忙的教学工作，一到晚上，他的思想又回到古代的巨大冰流中。

“冰川到底能走多远?”他想，“当冰推到阿尔卑斯山脚下，覆盖瑞士的平原，那么，这气候也必定是很冷的。同样，冰也要从其他山上流下，并淹没另外一些平原，这样一来，猛犸和其他一些生物将会被冰活活地埋葬。”

一年以后，路易斯在一次科学家的集会上作了个报告，许多科学家以为，他会谈他的专业或者是古代的鱼类。但是，令他们大吃一惊的是，他没有谈那些内容，而是讨论和他专业无关的冰川。

“当冰川遍布阿尔卑斯山的时候，”路易斯说，“欧洲的气候一定是非常寒冷的，在地球的历史中，每一次寒冷的来临，都会将已经生存的植物和动物冻死，毫无疑问，西伯利亚猛犸就是被巨大冰川所埋葬的。”

“在地球寒冷的时期，不仅阿尔卑斯山为冰川所覆盖，而且在西伯利亚，冰雪同样把绿色的森林和巨大的动物彻底埋葬。死亡横扫了整个自然界，冰就是一个巨大的裹尸布，包住了大部分欧洲的大陆和生长在其上的生物。”

“胡思乱想！”他的同事对他说，甚至卡盘梯尔这位古代冰川的旅行家，也不相信冰川曾经埋葬整个欧洲。但是路易斯所提出的奇怪设想激动着每个人，必须去找寻更多的证据来证明或否定这个奇怪的设想。

以后三年中每年的夏天，路易斯和他的朋友都要到阿尔卑斯山去研究冰川，其他科学家也相继跟随他研究。在这三年中，他们又有许多重大发现。

1839 年，阿加西斯发现，一间 1827 年建造在一条冰川上的小屋已经沿冰川下移了(距原地点)大约 1 600 m 的距离。他在一条冰川上，横向笔直地深深打了一排标桩。到 1841 年时，这些标桩有了一段相当可观的位移，而且变成了 U 字形——中央部分移动得快些，而在边缘上，由于同山壁的摩擦，冰川的运动受到了阻滞。

不仅如此，他还利用这些发现解开了冰期存在的谜团，找出了猛犸和其他大型动物死掉的原因。

现在人们已经开始相信，冰川曾经覆盖过欧洲，路易斯的结论是正确的。各种文章中不断提到他的名字，赞扬代替了嘲讽，他的名气越来越大。但是路易斯没有满足于现有的成就，他又出发到德国和波兰的北部，继续追踪这个巨人的足迹。

在那里，他同样看到冰迹和冰川砾石散开好几千米。巨大的冰川在流动时切割岩石，将石山底部切出一片凹槽。

然后携带一些石头，流向平原，在德国北部和波兰几乎到处都能发现，有些石头是很大的，简直像火车的车厢那样，它们和斯堪的那维亚山区的石头是一样的，而这些山是位于波罗的海以北几百千米的地方。从这些“流浪者”足迹来看，冰川越过今天的波罗的海，一直流过中欧的地区。

实际观测证实，一个巨大的冰盖覆盖了这片陆地整个北部，当这些冰向南流时，挟带着岩石和碎屑。后来，冰川缩回，这些挟带物留在下面，构成冰碛。

“北美怎样？”路易斯又在想，“如果欧洲因为寒冷而被埋在冰原之下，那么处在同一半球的北美洲难道会是另外一个样子？”路易斯决心到这个陌生的大陆上去考察一番。

1846 年秋天，他乘船到了美洲，并在加拿大新斯科舍省哈利法克斯登陆。后来，谈到他这次旅行收获时，他兴奋地说：“我一上岸，就开始寻找我追求的目标，在那里，我很快就发现冰川遗留下的记号：冰碛、岩石被冰川刨削和刻划的凹槽，就像在欧洲看到的那样。”从他看到北美第一眼起，他就深信，这个大陆同样被冰川掩埋过(图 1-6)。

图 1-6 在加拿大石山中的冰碛

路易斯得到的结论是，冰川不仅运动，而且在万年前它们还曾经形成并淹没目前已经罕见其踪迹的地区。例如，1840 年他在不列颠诸岛发现了冰河作用的迹象。在那里曾经有过一个冰河时代。就这样，地质学从十年来风行一时的赖尔的极端的均变说那里解脱了出来。

前进和后退的冰层所造成的较小的灾变，看来确实发生过。冰层曾经四次推进，然后又退却，最后一次的退却只是距今一万多年以前的事。虽然路易斯画出了一幅描绘过去的惊人的图面，他却拒绝接受达尔文画的更为壮观的图景。他是美国反对通过自然选择进化的概念的最重要的生物学家，可是他的研究工作，不管他愿意也罢反对也罢，对进化论的确立却起到了促进的作用。1915 年，路易斯 · 阿加西斯作为名人被选入美国伟人纪念馆。

1.2 冰期与冰川

1.2.1 冰期

1. 地球水循环

水循环是多环节的自然过程，全球性的水循环涉及蒸发、大气水分输送、地表水和地下水循环（图 1-7）。这三者构成的水循环途径决定着全球的水量平衡，也决定着一个地区的水资源总量。

（1）蒸发

蒸发是水循环中最重要的环节之一。大气中的水汽主要来自海洋，一部分还来自大陆表面的蒸发。从海洋蒸发出来的水蒸气，被气流带到陆地上空，凝结为雨、雪、雹等落到地面，一部分再被蒸发返回大气，其余部分成为地面径流或地下径流等，最终回归海洋。大气层中水汽的循环是蒸发—凝结—降水—蒸发的周而复始的过程。

（2）径流

降雨及冰雪融水在重力作用下沿地表或地下流动的水流称为径流。

按水流来源区分，径流有降雨径流和融雪径流，按流动方式可分地表径流和地下径流:地表径流又分坡面径流和河川径流;地下径流,是地下水从水头高处向水头低处流动的地下水流。

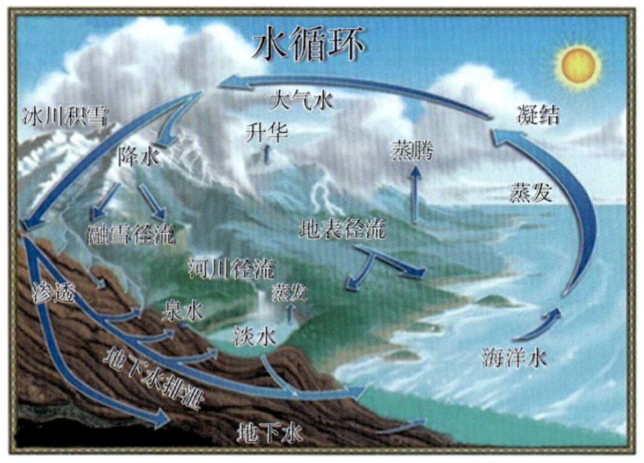

图 1-7　地球水循环

2. 冰期的形成

在地球水循环中,气候是影响河川径流的基本且重要的因素。当陆地气温显著降低,落到陆地的降水变成冰雪增多,它们堆积在高山之巅,从而导致河川径流与地下水排泄大大减少。这个时期就叫冰期,又叫寒冷时期。

这是生命最危险的时期,大量植物和森林被埋在皑皑的白雪之下,弱小的动物也因生存条件改变和无法抵御的寒冷而大量死亡。许多物种如剑齿象、巨貘等都消失了,有些物种如大熊猫、水杉等只在极少地区存活下来!

居住在亚洲、欧洲冰锋前的原始人群,仍然大胆地为生存而奔忙,他们用棍棒、石头狩猎驯鹿、披毛犀和猛犸。最后,几种最大的动物也因食不果腹冻饿而死,但是人类仍然顽强地生活着。

3. 地球出现的几次大冰期

大型的冰期就如同一个神秘的门客,它一定会来拜访,但终究不知它何时会来,以及它为何而来。

在 24 亿年前至 21 亿年前发生的休伦冰期,持续了 3 亿年之久,而且冰冠从两极延伸至赤道。太阳光被全部反射回了太空,地球内部的热只有通过火山加以释放。大量的火山爆发,几亿吨的二氧化碳释放到大气之中。二氧化碳是一种能够留住温度的气体,地球盖上了二氧化碳这一层“棉被”,开始慢慢变热,最终从冰封中解放出来。

8 亿多年前往后,在地球上大约每隔 2.5 亿年就有一次大的寒冷时期来临。科学家根据古地理和古生物资料,作出一个北半球中高纬度地区温度随年代变化的曲线(图 1-8)。根据统计,大冰期时期,全球平均温度可降 5℃,第四纪大冰期,降幅 15℃以上。

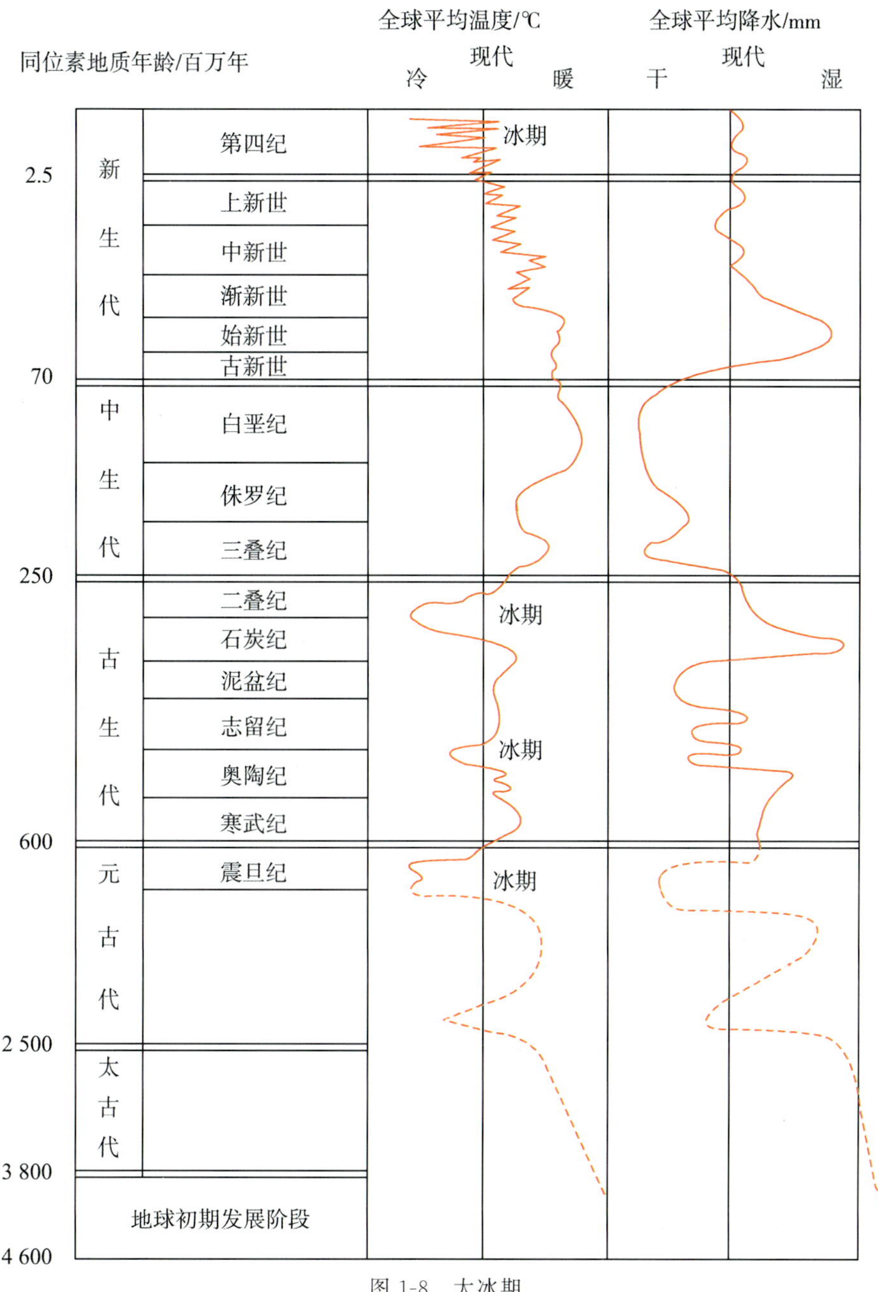

图 1-8 大冰期

根据图 1-8,科学家进一步阐述了这几次大冰期。

(1) 瓦兰吉尔冰期[Cryogenian(or Sturtian-Varangian)]

瓦兰吉尔冰期出现在 8 亿年至 6.35 亿年前,当时可能整个地球都被冰层所覆盖,被冻结成一个巨大的雪球。海洋也被完全冻结,只能靠来自地球核心的热量使液态的水在 1 000 m 厚的冰层下存在,为古老的原核生物和原生生物保留了一片生存的空间。而该冰期的结束,可能间接促成了后来的寒武纪生命大爆发,但这个理论仍有争议。

(2) 安第-撒哈拉冰期(Andean-Saharan)

安第-撒哈拉冰期出现在 4.5 亿年前至 4.2 亿年前古生代,奥陶纪和志留纪又叫早古生代大冰期。其冰碛岩见于法国、西班牙、加拿大、南美、北非及苏联新地岛。北非的冰碛岩露头极佳,并保存有若干冰川地貌的遗迹,如保存极好的冰蹇构造、鼓丘、蛇形丘和砂楔等地形(图 1-9)。

图 1-9　鼓丘(左)和蛇形丘(右)冰川遗迹

(3) 卡鲁冰期(Karoo)

卡鲁冰期出现在 3.6 亿年前至 2.6 亿年前古生代,石炭纪和二叠纪时期全球气温普遍下降,形成大面积的冰盖与冰川,持续时间长达 1 亿年,是地球历史上影响最为深远的一次大冰期。冰碛见于印度、澳大利亚、南美、非洲及南极大陆的边缘。澳大利亚东南部和塔斯马尼亚岛是这次大冰期冰川作用最强的地区,全球温度下降 10℃以上。

(4) 晚新生代大冰期

晚新生代大冰期是历史上最近的一次大冰期。自新第三纪(6 700 万年前)出现冰期与间冰期交替,一直延续至今。早在渐新世,南极就开始出现冰盖,中新世中期冰盖已具规模,是最早进入冰期的地区。第四纪初期的冰期开始于 240 万年前,终止于 11 500 年前。低温环境波及全球,中期达到最盛(图 1-10),所以晚新生代大冰期主要指第四纪冰期。当时,北半球有三个大冰盖,即欧亚(Eurasian)冰盖、科迪勒拉(Cordilleran)冰盖和北美劳伦(Laurentide)冰盖。欧亚冰盖南界到达北纬 50°,劳伦冰盖南界达北纬 38°附近。此外,在中、低纬的一些高山区还发育了山麓冰川或小冰帽。在 8 000～10 000 年前,全球又普遍转暖,大量冰川和冰盖消失或收缩,地球进入冰后期。但是,诸大陆的冰川和冰盖并未完全消失。

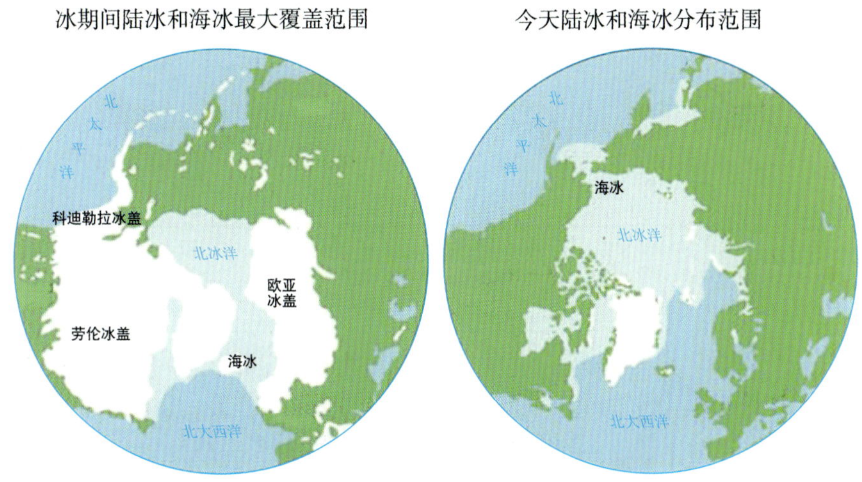

图 1-10 第四纪冰期

我们现在仍在第四纪大冰期之中，不过属于大冰期中一个比较温暖的阶段。除去这些大冰期之外，还有无数的小冰期出现。

4. 无数小冰期

第四纪以来的两百多万年里，地球经历着“冰期—间冰期”交替的气候变化，期间发生过多次千年、百年甚至十年、年际尺度的气候变化事件（图 1-11），在时间尺度上可以与当前气候变化类比。并且，当前温室气体排放和全球变暖的趋势可能迫使地球超出第四纪气候变化的限度，进入“温室”气候状态。

图 1-11 中给出不同时间尺度（亿年—千万年—百万年—十万年—万年）的、与气温有关的相关指标的变化曲线。

① 图 11(a)是显生宙（大约 5.4 亿年前至今）以来相对温度反映的“间冰期”(G)与“冰期”(I)两个气候态。由图中可以看出四次大冰期出现时间与过程，与图 1-8 是基本吻合的；

② 图 11(b)是新生代（6 500 万年前开始）以来深海氧同位素反映的构造尺度和轨道尺度气候变化；

③ 图 11(c)是欧洲南极冰芯钻探项目(EPICA)通过冰心氘同位素数据分析(δD)，建立的 80 万年以来地球运行轨道尺度的气候变化系列；

④ 图 11(d)是根据格陵兰 NGRIP 冰心的氧同位素数据得到的末次冰期（11 万年前开始）以来千年尺度的大幅度气候变化；

⑤ 图 11(e)是通过南美洲卡里亚科盆地 Ti（钛）含量，反映全新世千年及更短时间尺度上的干湿气候旋回。至于它们为什么能反映气候的变化，我们将在后面专门介绍。

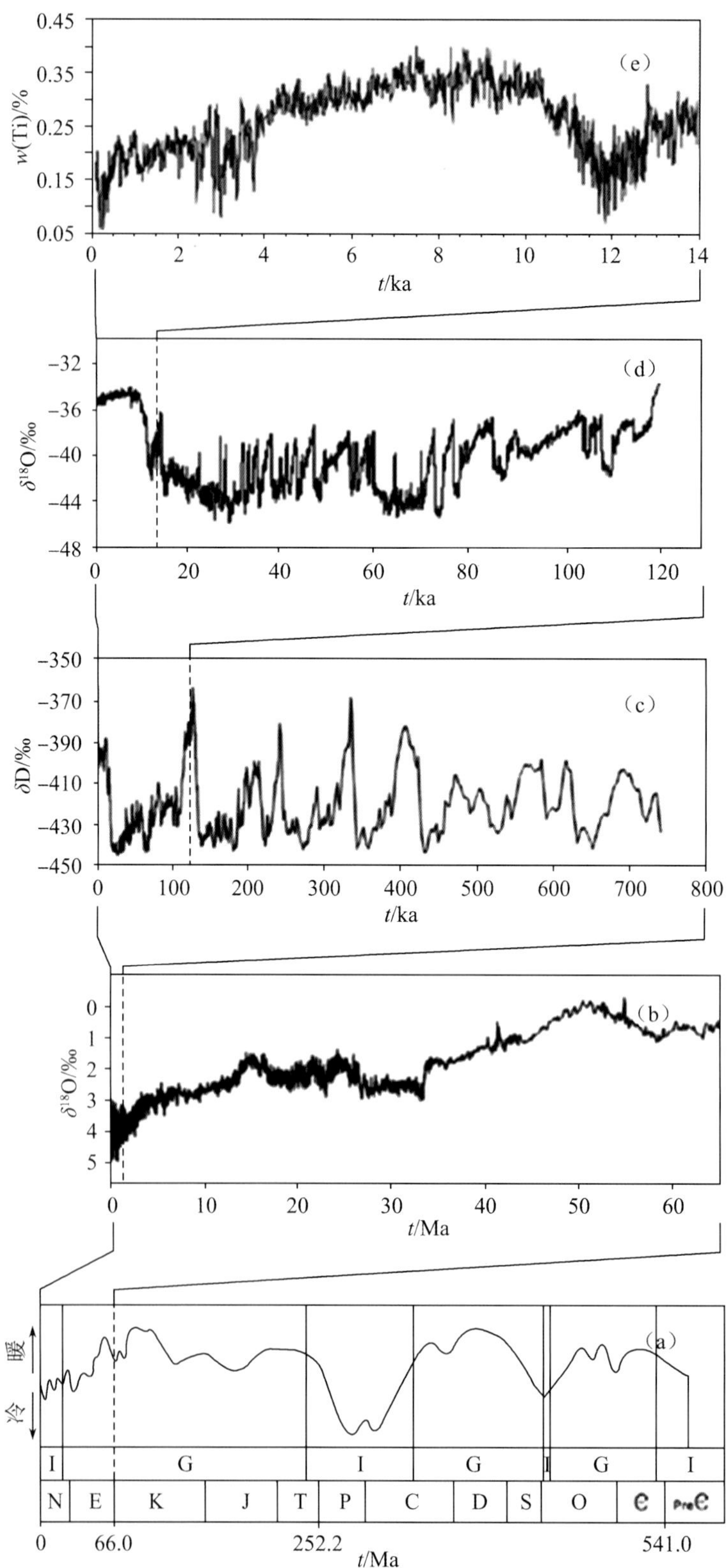

图 1-11　不同时间尺度下的气候变化(高远等,2017)

1.2.2 冰川

1. 冰的河流

在冰期强盛时期，中高纬度的气候寒冷，海水蒸发出来的水汽，漂浮到陆地上，在高空变成冰晶，落到高山顶端，落到北极的格陵兰谷地，落到南极大陆上。因温度太低，雪下得多，融化得少，日积月累，年复一年，堆积成万年冰雪体。

在自身重力作用下沿山坡下滑，成为“冰的河流”，也称冰川(图 1-12)。在普通河流中流动的是水，而在冰河中流动的则是冰。这是冰河与普通河流的最重要的区别。所以，冰河中的冰既是固体，又是液体。作为固体它有一定的弹性系数；作为液体它能够流动，从山谷流到一定的地方。

图 1-12 阿根廷莫雷诺冰川(中国海洋大学刘世文摄)

全世界冰川面积超过 1.5×10^{7} km^{2}。其中，北极格陵兰和南极大陆就占 97%以上，可见冰雪主要贮存在南北极。运动的坚冰掩埋了整个南极大陆和北极的格陵兰，覆盖着半个欧洲、亚洲和北美。那时，英伦三岛和欧洲连接在一起，英吉利海峡变成潮湿的陆地。只有最高的山峰才能显露在冰原之上，像是白色海洋中一个个孤立的岛屿。

如果你有机会乘飞机穿越我国西部的高山区，那么你就可以看到十分有趣的冰河奔流图。它们起源于高山之巅，仿佛顺着蜿蜒的山谷奔流而下。

2. 冰川形式

冰川一般可分为以下三种不同的形式。

第一种是冰盖，是满山遍野分布着的。地球上现存的大陆冰盖主要有南极冰盖和格陵兰冰盖。

第二种是山谷冰川，顺着山谷往下流。我国西部的大多数现代冰川便属于这一类。

第三种是山前平原冰川，也叫冰泛，由很多小的山谷冰川汇合而成。

冰川是流动的巨大冰体，每年都以几米到几百米的速度流动。冰川流动快慢主要由冰川厚度、山体表面坡度、冰川内部温度决定，其中，温度是决定因素。

3. 冰川作用

冰川是全球气候变化的敏感指示器，对于海平面和区域水资源具有重要影响。同时，冰川变化对于生态和经济的影响以及人类对冰川变化的适应研究也日益受到重视。

冰川是大自然最为宝贵的淡水资源，也是重要的旅游景观。冰川，给人的第一印象就是壮美。无论是逶迤铺排的经典冰川还是高耸矗立的冰川末端，或者硕大的冰盖，都展示着一种气势逼人的壮美。依托冰川资源景观开展旅游设施建设和旅游活动，已成为人类利用冰川的重要途径之一（图 1-13）。该冰川是 Bomber Gracier，坐标为 61°51′29″N，149°7′19″W，高 1 700 m。

图 1-13　冰川旅游

冰川地貌复杂、原生自然环境恶劣，具有稀缺性、景观美感以及宗教文化特征，赋予了冰川旅游高度的吸引力。

1.2.3　中国受冰川影响的印记

冰川是准塑性体，冰川的运动包含内部的运动和底部的滑动两部分，是进行侵蚀、搬运、堆积并塑造各种冰川地貌的动力。其搬运能力很强，不仅能将冰碛物搬运很远的距离，还能将巨大的岩块搬到很高的位置。冰川消融后，被冰川搬运的各种物质堆积，统称冰碛物。其中，被搬运的巨大砾石，叫冰碛砾石。具有磨圆擦痕的大漂砾，不仅是冰川流动的证据，还可用作测量冰川流向、占据范围大小。还有，冰川融水沿着冰川裂隙向下流动时，由于冰层内有巨大压力，呈“圆柱体水钻”方式向下覆基岩及冰川漂砾进行强烈冲击、游动和研磨，最终形成深坑，这些坑极像南方舂米的石臼，因此称为冰臼。

1. 漂砾

（1）青岛崂山巨砾

据自然资源部第一海洋研究所研究员徐兴永介绍，“崂山是天然的古冰川博物馆，是我国东部海拔最低、冰碛地貌最为完整、冰消期景观最为秀丽的古冰川遗址

(图 1-14);同时,也是我国东部规模最大、保存最佳的古冰川地貌遗址,属于全世界极为宝贵的地质遗迹,具有极高的科学价值。”

图 1-14　青岛崂山巨砾

(2) 普陀山漂砾

普陀山位于杭州湾南缘、舟山群岛东部海域,西南距沈家门渔港 6.5 km。普陀山四面环海,寺庙建筑错落分布在山间海滨,与海天景色浑然一体。特别是许多海岸地段、众多的海岛上存在古冰川活动遗迹。现已发现舟山群岛上的普陀山、桃花岛存在古冰川活动遗迹,最为壮观的当属半悬空中的巨大漂砾(图 1-15)。由此可见,在第四纪冰消期出现的冰水沉积可扩展到东海陆架上的更大的范围,成为陆架上的重要物质来源,也是“海天佛国”的一个重要景点。当然,寺庙建立在古冰川遗迹上,随着寺庙文化的发展,在客观上对冰川文化起着保护作用;若不存在寺庙的建设,许多古冰川遗迹早就消失,给今天的研究带来更多的困难。

图 1-15　浙江普陀山漂砾群之一

2. 冰臼

(1) 北京白龙潭冰臼

冰臼是古冰川遗迹之一。目前世界上最大的冰臼是 2010 年在北京发现的白龙潭冰臼(图 1-16)。冰臼的三大特征是“口小、肚大、底平”,是冰川的直接产物。在我国沿海,大青山、太行山、山东丘陵、江苏、浙江、福建、台湾发现有成千个冰臼,形成了特殊的冰臼地貌、冰椅石地貌。

图 1-16　正在清理中的巨型冰臼

(2) 福建福安白云山冰臼

福建福安白云山一带的山脊以下的沟谷中,保存着体积大、面积广、数量多、层次清晰的冰臼群,那里不是河床,平时也无径流,雨季来临,也许会有少量降水流到这里,因为汇水面积非常有限,所以不可能是现代形成的,只能是冰川的遗迹。

有的只有几万年,有的已经是百万年的老冰臼了。在外观上,它们也有很大的不同,有的非常年轻、保持非常圆的形态;有的已是支离破碎,很难看出原貌了。

特别值得注意的是,福建福安白云山一带的谷坡上和谷边都有冰臼的分布,所以用河流活动就很难解释了,见图 1-17。

图 1-17　福建福安白云山谷坡上的冰臼之一

由此可见,现在的福建海岸曾处于冰川的前沿。

(3) 广东饶平冰臼

广东省饶平县樟溪镇发现特大冰臼(图 1-18)。这些特大冰臼群共有千余个,遍布于岩层上的冰臼大多呈圆碗形,内壁很光滑,大的直径数米,小的只有汤碗那么大。从其分布面积之广、形态之奇、规模之大、景观之美,海拔高度不高于 100 m,而保存又这么完好和地处热带亚热带等特征来看，在国内外实属罕见！

图 1-18 广东饶平冰臼群

参考文献

[1] EPICA Community members. Eight glacial Cycles from an Antarctic ice core [J]. Nature, 2004, 429:623−628.

[2] Haug G H, Hughen K A, Sigman D M, et al. Southward migration of the intertropical convergence zone through the Holoocene[J]. Science, 2001, 293:1304−1308.

[3] North Greenland Ice Core Project Members. High-resolution record of Northern Hemisphere climate extending into the last interglacial period[J]. Nature, 2004, 431:147−151.

[4] Takashima R, Nishi H, Huber B T, ef al. Green−house world and the Mesozoicocean[J]. Oceanography, 2006, 19(4):82−92.

[5] Zahos J, Pagani M, Sloan L, et al. Trends, rhthems and aberrations in global climate 65Ma to present[J]. Science, 2001, 292:686−693.

[6] 曾小苹，林云芳，续春荣.地球磁场大面积短暂异常与灾害性天气相关性初探[J].自然灾害学报，1992，2:59−65.

第2章 地球为什么会“忽冷忽热”？

——对外部世界勇于探索的人，都具有一种谦卑的品质。

科学家为了解释这样长期的气候变迁，一个多世纪以来，概括起来有三种类型的假说。

1. 地学假说

地学假说，是根据海陆变迁及海陆形状变化，把气候变迁与地质学、大地构造学（如地球磁极移动、纬度变化、大陆垂直运动等）联系在一起进行研究。

2. 物理假说

物理假说，是把太阳的辐射与地球对辐射吸收性质的变化（如大气环流、大气中CO_2的增减等）联系在一起研究。

3. 天文假说

天文假说则是把地球置于宇宙大环境之中去考察。持这种观点的人认为，能给地球气温等带来如此巨大的“冷”“热”变化，且具有周期性起伏，依靠大气本身、地壳的升降是不足以完成的。

下面我们先从天文学角度对冰期出现给予解释。

2.1 天文假说首先亮相

2.1.1 先从太阳辐射说起

天文气候学认为，所谓气候变迁实质上主要是冷暖变化，是地球上的热量来源的问题。研究表明，地表从太阳以外其他恒星所得到的热量在1分钟之内还不到4.2×10^{-5} J，仅占太阳能的$1/10^8$。其次，地球内部通过火山、地震等形式提供的热量在一年内只有226 J/cm^2，约占太阳能的1/20 000。由此可见，太阳能是地球表层最主要的热量来源。因此，从地球与太阳的关系中探索气候变迁的成因，必然是大家首先关注的一个研究方向。毫无疑问，早期气候学的研究，科学家的目光一定投射到太阳辐射的变化。

陆地与海洋的温度高低，主要取决于陆地与海洋对太阳辐射（短波）吸收（吸热）以及陆地、海洋向太空的能量释放(失热)的过程。吸热与失热的能量差大小，就决定了陆地与海洋的温度高低。

1. 海洋/陆地对太阳辐射的吸收

(1) 大气上界太阳辐射能

在地球的大气上界，射达垂直于太阳光线的平面上的太阳辐射能大约是 8.37 $J/cm^2/min$。其平均值叫做太阳常数，通常认为其量值是 8.20±0.01 $J/cm^2/min$。大约 49%的能量是可见光谱，其波长为 0.4～0.7 μm(1 μm＝10^{-6} m)；9%是紫外光谱；42%是红外光谱(图 2-1)。

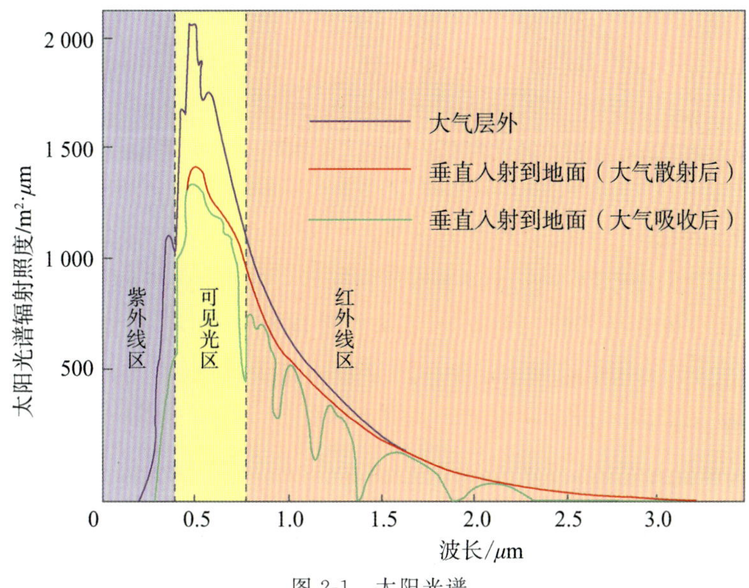

图 2-1　太阳光谱

地球上各个位置所接收到的能量随着太阳的偏角不同而变化。在假定没有云层或大气吸收的条件下，到达地球不同纬度处、不同时间的太阳辐射能量如表 2-1 所示。

表 2-1　在透明大气条件下，全年入射到地球表面太阳辐射总量(10^3 cal/cm^2)

纬度	0°	10°	20°	30°	40°	50°	60°	70°	80°	90°
夏半年	160.5	170	175	174	170	161	149	139	135	133
冬半年	160.5	147	129	108	84	59	34	13	3	0
全年	321	317	304	282	254	220	183	152	138	133

(2) 在真实大气中太阳辐射能变化

实际上太阳光线一旦进入地球大气层，能量就要被散射和吸收。如果把进入量分成 342 个单位，进入大气层后，其中有 67 个单位被云、水蒸气、烟雾和空气分子吸收；137 个单位被反射或散射回到太空；剩下的 168 个单位，即太阳辐射能的近 1/2，用于加热陆地、海洋和冰原(图 2-2)。

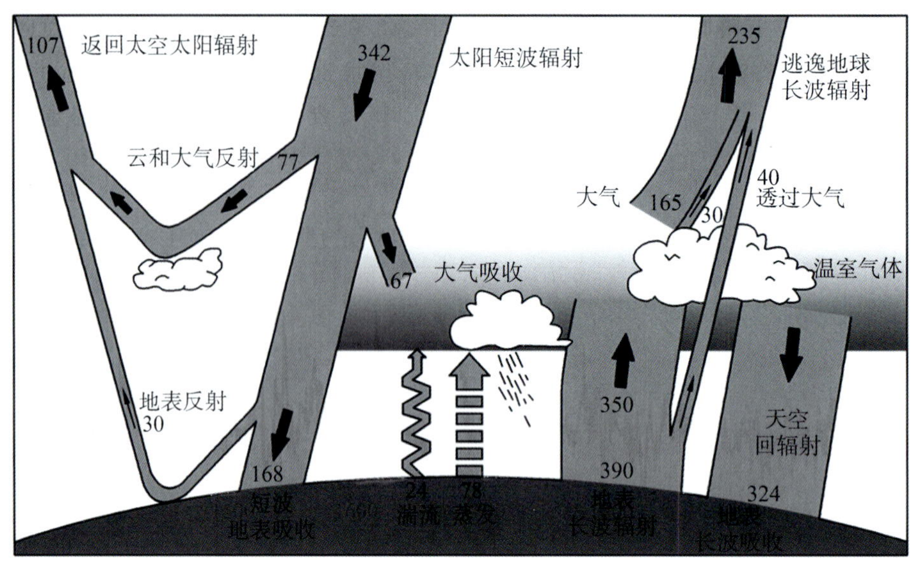

图 2-2　地球全年热收支(单位:W/m^2)(Houghton et al.,1996)

一旦太阳辐射透过海面,它很快就被吸收。在海洋里几乎不能传播。即使在清澈海水中,99%的太阳能都被 100 m 以上水层所吸收。55%的太阳能在海面以下 1 m 深度内被吸收掉。在沿岸、河口附近,由于水中悬浮粒子增多,光能被吸收更快,超过 63%(最多 82%)的太阳能在海面以下 1 m 深度内被吸收掉。

2. 海洋/陆地对大气放热

(1) 有效回辐射失热(Q_b)

热力学温度,又称开氏温标,单位为开尔文,单位符号为 K。以绝对零度(0 K)为最低温度,规定 0℃的热力学温度为 273.16 K。

根据辐射定律,凡温度高于绝对零度的物体都要辐射热能。海洋表面温度皆高于绝对零度(太平洋平均 292.10 K,大西洋平均 289.90 K,印度洋平均 290.00 K),因而会不断通过长波辐射失去热量。其辐射的热量与绝对温度的四次方成正比(斯蒂芬-玻尔兹曼定律):

$$Q_b = F\sigma T_w^4$$

这里 T_w 是海水温度,以开尔文为单位;而 σ 是斯蒂芬-玻尔兹曼常数,其值为 $5.669\ 6\times10^{-8}\ W \cdot m^{-2} \cdot K^{-4}$;$F$ 是水面、陆面辐射特性常数。绝对透明物体 $F=0$,绝对黑体 $F=1$。对于水,F 近似于 1;对于陆地,由于植被的时空分布不均:从茂密的热带森林到干旱的沙漠地带,从生机勃勃的春天到万物凋零的冬天,F 变化无常;对于灰体,$F=0.6$;对于大气向海面回辐射,F 小于 1。海面辐射与大气逆辐射之差,称为有效回辐射。

(2) 蒸发失热(Q_e)

蒸发耗损热量,是指液态水变为同温度条件下气态水汽所需要的热量,又称为潜热通量。蒸发 1 g 海水所需要的热量约为 2 470 J。据 Budyko 计算,海洋每年通过蒸发要失去 126 cm 厚的水层。转换成能量的损失，就是每天要失去热量 837 J/cm^2，是海水热耗损中最大的。Jacobs 依据下列简单的经验公式计算蒸发量：

$$Q_e = LC_e(e_w - e_a)W$$

这里 e_a 是水面上方一定距离(如船上甲板高度)处空气中水汽压，e_w 是水面上贴水层空气的饱和水汽压。风速是 W，而 C_e 是蒸发系数，通常被认为是一个常数。如果以海上 8 m 高处风速来计算，单位为 m/s，水汽压以 pa 为单位，则 $C_e = 6.9\times10^{-5}$。对于陆面蒸发更为复杂。

(3) 湍流失热(Q_h)

这种热交换是靠空气与海面/陆面接触，借助两者温度差产生湍流作用来传递热量，因此又叫做接触热交换。平均情况下，海面水温比气温高，因此，热量总是由海面源源不断地向空气传递，并不断加热与海面紧邻的空气层。如果风速很小，不能将这个变热的空气层移走，那么，这种交换将减少并趋于停止。反之，如果风速很强，较大的湍流作用不断用冷空气来置换变热的空气，保持水面与上层空气之间的较大温差，这种交换将持续进行，交换量也较大。由此可见，接触热交换与水-气温差和风速有密切关系。

3. 海洋/陆地热平衡

海洋/陆地长波有效辐射(地表长波吸收-地表长波辐射)、蒸发损失热量、海气接触面之间通过湍流热交换和海水内部的流动(海流)等多种因素形成的热收支平衡，即海洋/陆地热平衡。夏季，海洋/陆地收入热量大于支出，海洋/陆地就增温；冬季，海洋/陆地收入热量少于支出，海洋/陆地就要降温。但是从多年的全年平均状况来看，热量收支基本相等，因此，称之为“热平衡”。既然收支“平衡”，那么，地球表面温度也就处于“稳态”(图 2-3)。

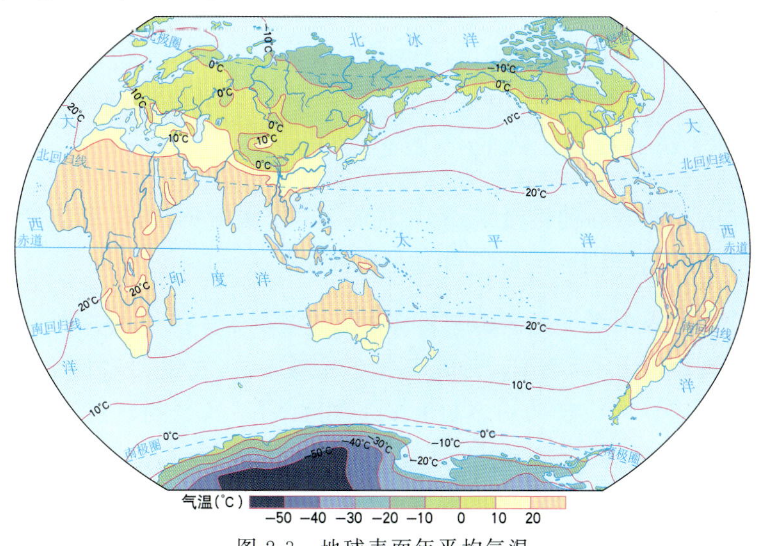

图 2-3　地球表面年平均气温

地球表面年平均气温分布规律有三条。① 从纬度位置看：从低纬度向两极气温逐渐降低，在南北极区的温度低于零度；② 在开阔海洋中，表层海水等温线的分布大致与纬圈平行，在近岸地区，因受海流等的影响，等温线向南北方向移动；③ 在南北回归线之间，表层水温和陆地气温都在 20℃以上。

4. 科学家的结论

(1) 太阳是个炽热的大火球，它的表面温度可达 6 000 K，它以辐射的方式不断地把巨大的能量传送到地球上来，哺育着万物的生长。通常认为，太阳总能量的量值是个常数，为 $8.20 \pm 0.01\ \mathrm{J/cm^2 \cdot min}$。虽然它有极微小变化，但是不能导致巨大冰期的出现。

(2) 对地球表面一个固定区域来说，海洋/陆地热平衡，受地球运行轨道面、天气等因素影响，温度有日、月、年的周期性变化和不规则变化，但是其时间尺度远远不到几亿年。

因此，仅就太阳辐射来说，它不是导致冰期出现的原因。

2.1.2 太阳在银河系中位置变化，导致大冰期产生？

科学家经过一番思考认为，研究的内容不应该仅是太阳辐射本身的变化，而是地球在宇宙空间中的位置变动。于是太阳在银河系的运动，就纳入了研究大冰期的众多科学家的关注点。

太阳系在银河系中的运行，太阳系绕银河系中心旋转一周所需时间，即银河年的长度，在 2 亿年～4 亿年之间变化(表 2-2)。现在则是银河年最短的时间。这是因为太阳系愈来愈靠近银心，旋转速度愈来愈快之故。不同学者曾对各银河年的长度进行过估算，所得结果颇有差异，现将 Steiner 和汤懋苍的计算结果列于表 2-2。

表 2-2 银河年的长度(单位:亿年)

银河年序号	Pr	Pr^{-1}	Pr^{-2}	Pr^{-3}	Pr^{-4}	Pr^{-5}	Pr^{-6}	Pr^{-7}	Pr^{-8}
Steiner	2.88	3.15	3.42	3.63	3.78	3.89	3.95	3.98	4.00
汤懋苍等	2.00	2.50	3.00	3.40	3.70	3.89	3.90	4.00	4.00

表 2-2 中 Pr 代表现在的银河年；Pr^{-1} 代表上一个银河年；Pr^{-2} 代表更前一个银河年。以此类推，Pr^{-8} 相当于 30.39 亿年前的银河年。

1. 位置不同，导致太阳系受力压缩或伸张

太阳系离银心距离 $1.6 \times 10^4 \sim 6.4 \times 10^4$ 光年不等，在银河系这个旋涡星系中，太阳系的椭圆轨道具有一定的扁率(图 2-4)，当太阳系运行到轨道上的近银心点附近时，由于天体比较密集，互相挤压，整个太阳系就会收缩，日地距离减少，地球上所得太阳辐射能增加，地球升温，出现温暖期；反之，日地距离增加，出现寒冷期，即大冰期。

图 2-4　银河系示意图

目前地球正处于第四纪冰期，太阳离银心约 2.4×10^4 光年。现在太阳系正处在远离银心的那段路程上。因此，可知再过几千万年，太阳离银心的距离会更大，新的大冰期又开始了。

2. 位置不同，导致地磁极与银河磁极作用相异

冰期的最终原因乃地球上得到的太阳辐射量减少，但太阳辐射的减少应使得不同纬度间均匀降温，低纬地区甚至降温更大。然而大冰期降温的实况是极地降温最大，低纬地区基本不降温。

促使地球系统演化的力源主要来自哪一圈层？大气圈具有最大的激活能，但大气圈仅占地球总质量的 10^{-6}，故它不可能是主要圈层。岩石圈的下地幔和地内核亦不大可能，因为固态的激活能最低。

科学家把目光转向上地幔（图 2-5）。地球的上地幔是液态，是可流动的，可流动的物质可以将流动的动能转变成其他能，如热能。容易将自身动能转变成其他能量的物质，通常称其具有较高的激活能。上地幔约占现代地球系统总质量的 30%，故可认为它是地球系统演化的主要活动圈层。

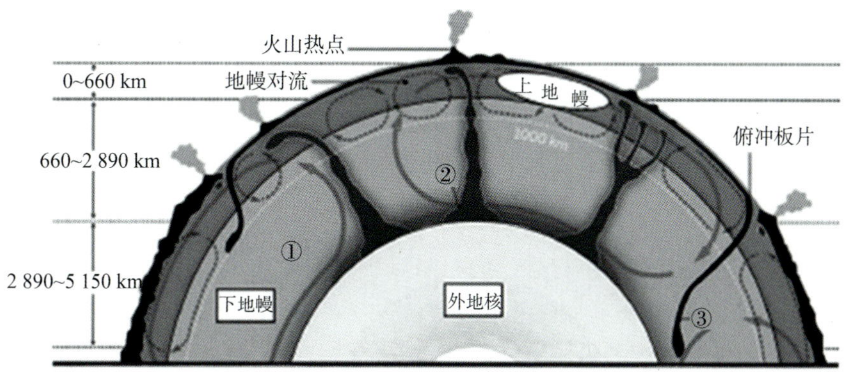

① 地核散热：地幔柱肥厚的根部直达地核，说明地核散热不是通过地幔对流，而是通过地幔柱

② 地幔柱根部低速带：地幔柱根部物质已经发生熔融，有可能含有大量的铁

③ 深俯冲板块：俯冲板块可能会在 660 km 和 1 000 km 的深度停住，也可能会直达地核处

图 2-5　地球内部热交换（《科学》杂志：2015 年十大科学发现）

地核环流的复杂性不在大气环流之下，它存在着两种极端流型：一是地转流型（以下简称G型）：水平运动为主，垂直运动很弱，因而热能转换为冲破地壳的机械能的效率很低；二是“强对流型”（以下简称C型），水平环流减弱，对流充满整个外地核，这是一种热机效率很高的流型，它能引起地壳和地幔强烈的垂直运动（强造山运动），使得高纬地区强降温，导致大冰期形成。怎样才能使地球上地幔的G型环流转变为C型环流？科学家认为：地球磁场极性变化应该对上地幔环流转型有重大作用，因为上地幔本身是磁流体。根据研究，5.3亿年以前及3.75亿～2.3亿年之间的地球磁场为负极性阶段（即磁北极变为磁南极，磁南极变为磁北极），5.3亿～3.75亿年和2.3亿～0.75亿年间为正极性阶段，即地球磁场又回到现在的方向。这就是说地磁极性存在着一个时间尺度为3亿年的长周期波动。

银河系有两个旋臂，它们的磁极方向相反。当地球背景磁场与银河旋臂磁场极性符号相同时，银河旋臂磁场将激发地球上地幔环流从水平环流转为垂直环流，引起地壳和地幔强烈的垂直运动。

目前地球正在经过磁极为正向的银河旋臂。只要银河旋臂中心部位扫过地球的时间与地磁极反转时间之间的差值大于3 500万年，那么将引起地球的大冰期出现。根据科学家精心计算，能引起C型环流出现的时间如表2-3所示。

表2-3　C型出现时间与大冰期出现时间（单位：亿年）对照

C型出现时间	34.5	22.5	9.2	7.5	6.0	4.5	3.2	0.02
大冰期出现时间	?	22.88	9.50	7.77	6.10	4.40	2.88	0.02
两者时间差	?	−0.38	−0.30	−0.27	−0.10	0.10	0.32	0.00

3 500万年影响的滞后效应，是因旋臂磁场毕竟太弱（10^{-9}～10^{-10}T），只有靠长时间（比如说3 500万年以上）的积累效应才可对外核运动产生明显影响。从表中可以看出，C型环流与大冰期出现还是有一定关系的。

应当指出，这3亿年的周期与元古代末期（震旦纪）、石炭-二叠纪及第四纪这3次大冰期的时间间隔是基本吻合的，故此假说基本成立。但在震旦纪以前相隔若干个3亿年却没有或没有确切发现冰碛层证据，这可能是年代久远，所有冰碛都被岁月销蚀殆尽！

3. 其他

银河旋臂内较为密集的小行星、彗星、星际气体和尘埃等对地球的直接撞击或间接影响全球，这种影响将有利于加速上述进程。

太阳系经过星际物质的稠密地段时，太阳光热辐射的传导受阻，地球接受日光能较少，因而出现冷的周期。也有学者认为，太阳运行到距银河系中心最近时，亮度也会变小，使行星变冷。

2.1.3　小冰期出现必须另找原因——米兰科维奇循环问世

在人类出现并发展的第四纪(过去240万年左右)，地球气候几乎总是处于变动的状态中。记录还表明，第四纪晚期(过去70万年)的气候，具有以2万～10万年为周期的一系列冰期—间冰期旋回变化特征。大冰期出现与太阳系在银河系的位置有关。那么小冰期出现又与谁挂钩？

1. 米兰科维奇

由于太阳提供的能量是地球气候系统的主要驱动因素，因此，太阳本身所提供的能量变化和地球实际接收到的太阳能量变化都可能成为改变地球气候系统的原因。根据这一基本认识，研究太阳活动对全球气候驱动的重要手段之一就是找到二者具有相同或相近的变化周期。迄今为止，对地球实际接收太阳能的研究可能最为成功，其代表就是被认为是20世纪地球科学最伟大的成就之一并已被普遍接受的米卢廷·米兰科维奇(Milutin Milankovitch，1879—1958年)理论。

米兰科维奇(图2-6)是一位塞尔维亚土木工程师、地球物理学家，因其对冰河时期的研究而闻名。他提出了地球长期气候变化和地球轨道的周期性变化(地球轨道偏心率、地球自转轴倾斜角度和地球的岁差)有关，也就是现在所说的米兰科维奇循环。

图2-6　米卢廷·米兰科维奇

2. 地球轨道偏心率(离心率)影响

地球绕太阳运动的轨道皆在圆形与椭圆形之间变化(图2-7)。椭圆两焦点间距离和长轴长度的比值，称为“地球轨道偏心率”。长椭圆轨道偏心率高，而近于圆形的轨道偏心率低。轨道偏心率越小(越接近圆形)时，四季变化相对较不明显，也不易有冰期的发生；反之，偏心率越大，四季明显，也较易产生冰期。他认为，地球公转轨道偏心率有约9.6万年的周期，有时近日距离和远日距离相差可达$1.708\,3\times10^{7}$ km。

距离远，地球接受太阳能量就少，反之就越多。已知太阳辐射能量是4×10^{26} W，求到达地球大气顶界垂直于太阳光线的单位面积每分钟接受的太阳辐射能 W，与地球与太阳之间的距离 R 的平方成反比。其计算方法不复杂：

$$W=\frac{1}{4\pi}\frac{1\ 4\times 10^{26}}{R^{2}}$$

例如，距离太阳最近的水星，大气顶界垂直于太阳光线的单位面积每分钟接受的太阳辐射能是 9 627 W/m^2；而地球大气顶界垂直于太阳光线的单位面积每分钟接受的太阳辐射能是 1 368 W/m^2，只有水星的 1/7。

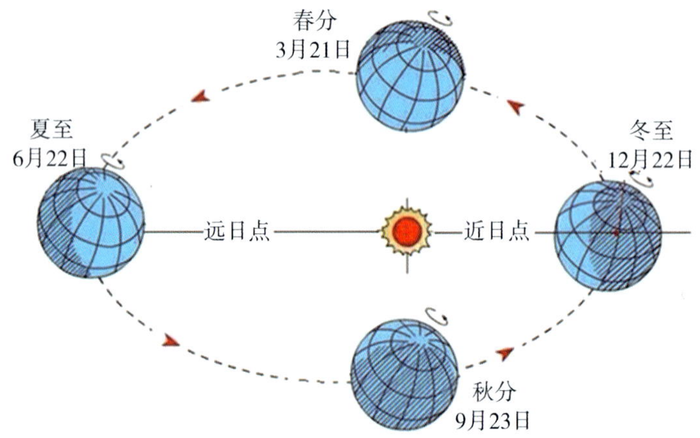

图 2-7　地球绕太阳运行轨道是椭圆

地球围绕太阳运行的轨道是椭圆，太阳位于椭圆的一个焦点上。

由天体力学的基本理论可以得出，地球公转轨道的偏心率在几百万年内的变化具有周期：

$$e=e_0+\sum_{i}A_i\sin(2\pi t/T_i+\varphi_i)$$

式中，e 是随时间变化的地球轨道偏心率，其值在 0.000 5 到 0.060 7 之间变化，当前值为 0.016 7；e_0 是球轨道平均率=0.028 706 9；t 是时间；T_i 是第 i 个正弦波的周期；A_i 第 i 个正弦波的振幅。

根据计算，6 个振幅最大的周期依从大到小的顺序排列为 41.3 万年、9.5 万年、12.3 万年、10.0 万年及 13.1 万年。然而，在大多数地质记录中都只检测到显著的 10 万年分量，并且解释为轨道偏心率变化的效应。

在不考虑大气吸收和地表辐射的前提下，地球大气上界每年接收的太阳辐射量可以表示为

$$W_y=\frac{T}{\pi}\frac{I_0}{\sqrt{1-e^2}}b_0$$

式中，T 为 1 年的日照时间；I_0 为太阳常数；b_0 为与地方纬度和黄赤交角有关的量；e 为地球轨道偏心率。

据此计算得到的太阳辐射量的年变化与 $(1-e^2)^{-1/2}$ 有关。尽管由 e 的最大值和最小值推算的太阳辐射量的相对变化仅有 0.3%，然而，e 的变化，表明日地距离的变

化，日地距离变化又影响季节的长短和日照量的相对强度。这些因素联合起来，当 e 值达到极大时，近日点与远日点接收的太阳辐射量之差可以达到 30%。因此，地球大气上界接收的太阳辐射年总量随 e 产生微小的变化，从而对地球气候的长期变化产生影响。

3. 地球自转轴倾斜角度的变化

地球自转轴的倾斜角度介于 21.5°到 24.5°之间（图 2-8），以 41 000 年为周期变化。

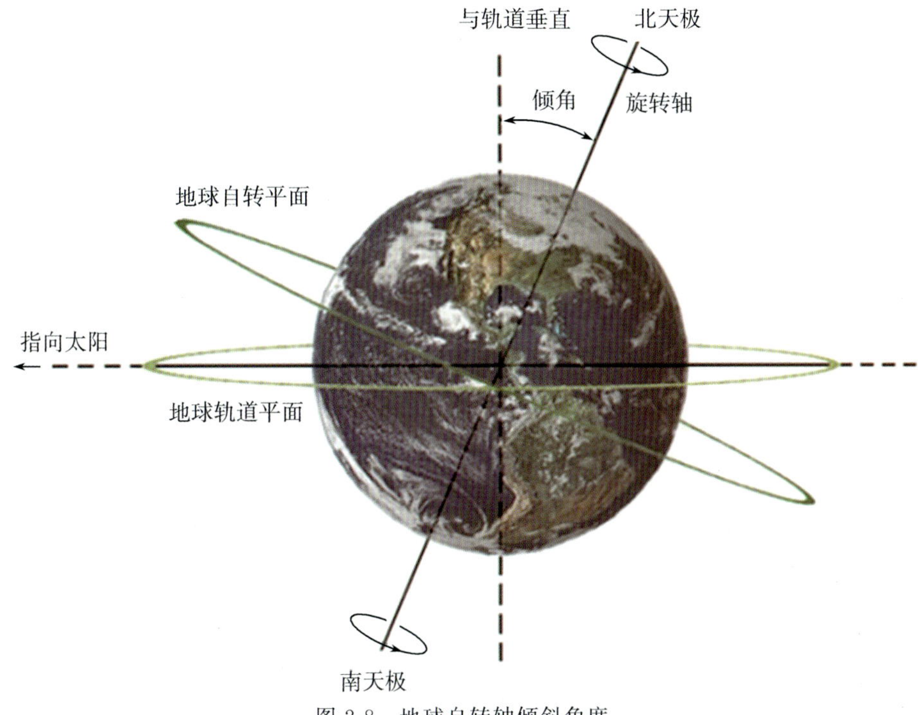

图 2-8　地球自转轴倾斜角度

为什么地球自转轴的倾斜角度变大会导致地球变冷呢？下面我们举一个例子来说明。图 2-9 是太阳光线与地面不同夹角引起太阳辐射变化的例子。

当一束太阳光线直射地面，即太阳光线与地面交角是 90°时，地面接收的阳光假定为一个单位面积。当这束阳光与地面成 45°角照射地面时，其覆盖面积不再是 1，而是 1.4 个单位面积。于是单位面积接收的热量只有太阳垂直入射的 1/1.4。当这束阳光与地面成 30°角照射地面时，其覆盖面积不再是 1，而是 2 个单位面积。于是单位面积接收的热量只有太阳垂直入射的 1/2。

再进一步设想，当地球自转轴的倾斜角度最小为 21.5°时，太阳直射地面接收的能量最大，假定为 1 个单位；但是当 2 万年以后地球自转轴的倾斜角度达到最大 24.5°时，同样面积的地面接收的太阳能就减少到 0.998 6 个单位。虽然这个减少量不算大，但是，对庞大的地面总热量收入来说就不算少了。高纬度地区接受辐射量减少，易形成冰期。

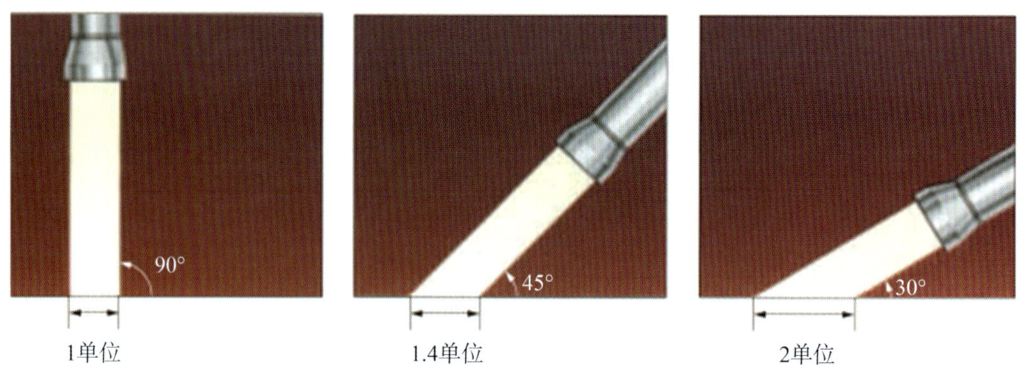

图 2-9　一束相同的太阳光以不同角度射达地面引起接受面积的变化

现今地球自转轴倾斜角度为 23.44°，且有减小的迹象。

4. 地球的岁差

地球的岁差，就是指地球自转轴的方向逐渐漂移的现象（图 2-10）。追踪它摇摆的顶部，以大约 26 000 年的周期扫掠出一个圆锥。在远日点时，若北半球倾向太阳，冬天温度将会相对较高；若因岁差而导致南半球在远日点时倾向太阳，北半球的冬天将较为酷寒。又因北半球陆地多，比热小，温度容易下降，而较容易形成冰期。

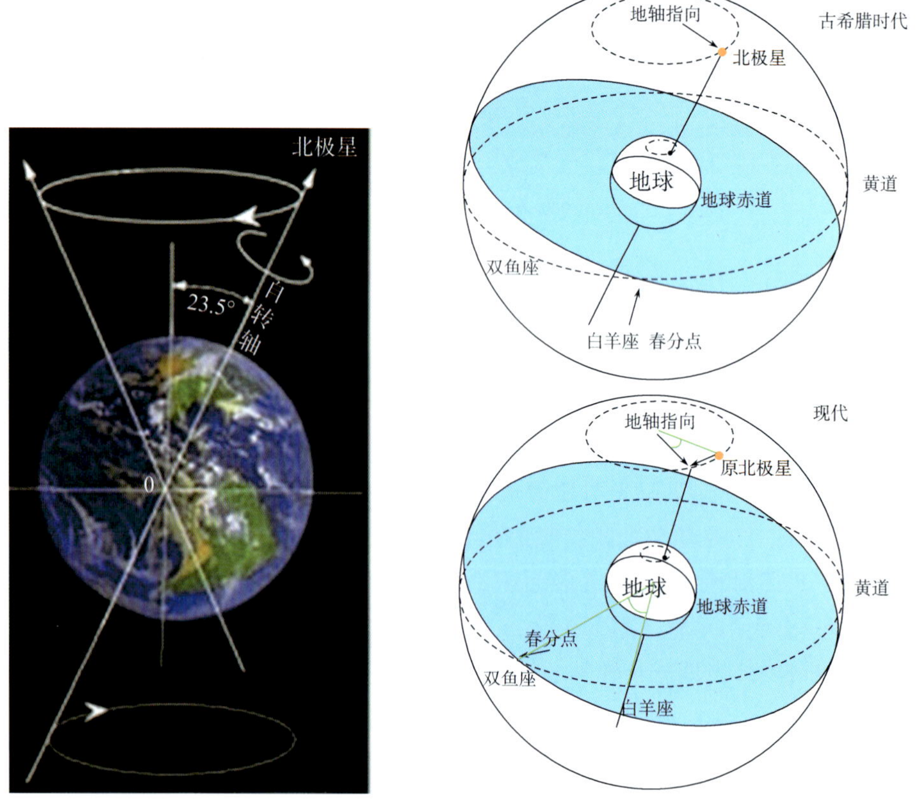

图 2-10　地球岁差

5. 地球轨道偏心率、自转轴倾斜率和岁差变化曲线

图 2-11 给出地球轨道离心率、自转轴倾斜率和岁差变化曲线。从图中可以看出以下几点。

（1）偏心率

偏心率有明显的 10 万年周期，但是并不是等振幅的，它还受 40 万年周期的影响，每隔 40 万年左右出现一个峰值。

（2）自转轴倾斜率

自转轴倾斜率具有明显的 4 万年周期，振幅虽然不等，但是，和离心率相比，差异要小得多。

（3）岁差

岁差具有 2 万多年的变化周期。其变化幅度为三者中最大。这是因为，太阳和月球有时在赤道面之南，有时又在赤道面之北，因而对地球的引力方向也不断改变。由于日、月等天体影响，岁差还存在许多周期不同、振幅各异的微小变幅，其中，在它的平均位置上附加了一种短周期的摆动。

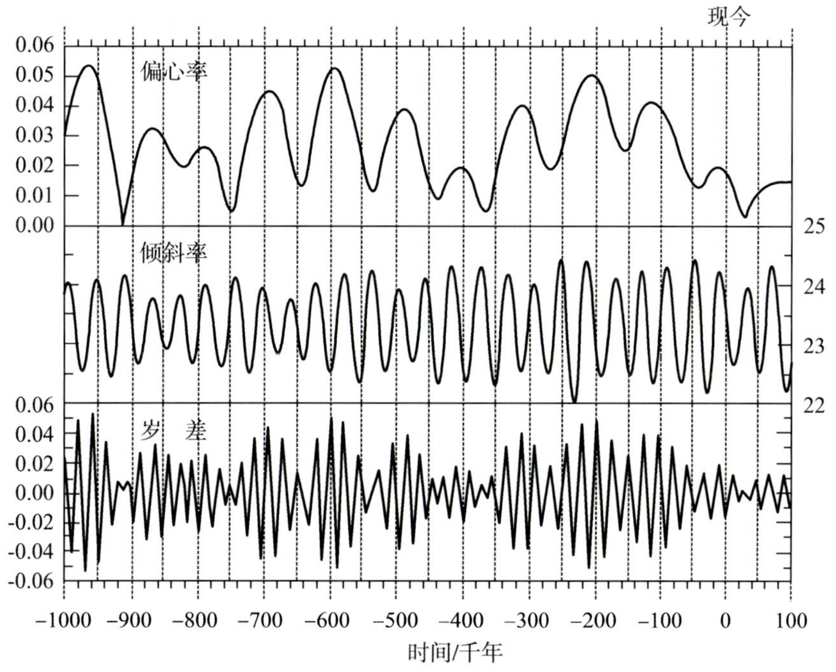

图 2-11　地球偏心率、倾斜率和岁差

上述三种因素的最大值如果恰好汇集在相近时间里：当地球在远日点且绕日运行的轨道离心率趋近于 1，地球自转轴倾斜角度为最大的 24.5°，且南半球倾向太阳，将可能发生极低温的情形。

实际上，米兰科维奇的理论之所以能逐渐被接受，主要归功于可用来研究古气候变化的地质资料的获得，其中包括深海岩芯、珊瑚礁、花粉、树木年轮、冰芯等。

2.2 怎样给地球量体温、定年代？

2.2.1 替代性指标

1. 何谓替代性指标？

现代气温的高低可以从温度计上读出来，那么一千年、一万年以前的气温呢？甚至几亿年前某地质历史时期的气温呢？我们能不能像读温度计那样“读”出来？

不单是古气温，还有古降水量、古大气 CO_2 浓度、古代海岸线、古代冰川范围和厚度等，直接“读出来”“看出来”是不可能的！时间不可能穿越到那个年代。最有效的方法就是利用该年代某种物质（有机或无机）受到当时气候影响一直保留到今天的“印记”，我们通过某种科学方法，“还原”那些“印记”，由今溯古，再现那段历史。能保留“印记”的物质就叫“替代性物质”，从“替代性物质”中进行某些要素的提取，通过实验和统计分析，建立这些“要素”与“气候”之间严格的数学公式——转换函数，再去还原该地质年代的历史。我们称能还原该地质年代的“要素”为“替代性指标”。

所幸地球气候系统和地质系统的历史大都保存在地质记录之中，如冰芯、深海岩芯、珊瑚礁、树木年轮、泥炭、湖泊沉积、黄土沉积等。科学钻探是获取连续完整的地质记录的最有效方法，被誉为“深入地球的望远镜”，是了解地球历史的重要途径。另外，历史记载、考古研究、物候研究等手段的应用，也为历史气候的还原作出了很大的贡献。

2. 当今应用的替代性指标有哪些？

(1) 古生物化石组合

这种方法的基本原理是，动植物需要有一定的生活环境，包括温度和湿度条件。科学家在某地层中找到了某些生物化石，依靠它们恢复了当时的生物群，再根据生物群的生态，推知该地层形成时的气候状况。例如，陕西渭南北庄村附近距今 1 万～7 万年的地层里，发现为数众多的青杄（云杉属的一个种）球果、针叶和树干（图 2-12），在泥炭层中同时找到大量青杄和冷杉的花粉。同位素测定是距今 2 310 年。青杄现在生长在秦岭西部海拔 2 000 m 以上的地带，而北庄村海拔只有 490 m。以海拔每升高 100 m 气温下降 0.6℃计算，2 310 年前这个地区的年平均温度要比现在低 9℃，同长春的气温差不多。

图 2-12 青杆

(2) 硅藻与介形虫

硅藻是一种单细胞藻类，绝大多数为 2～200 μm(图 2-13)。其细胞壁含有硅质，喜生活在水中或潮湿之处。海洋硅藻种类和数量极其丰富，目前已被记载的海洋硅藻有 12 000 多种。

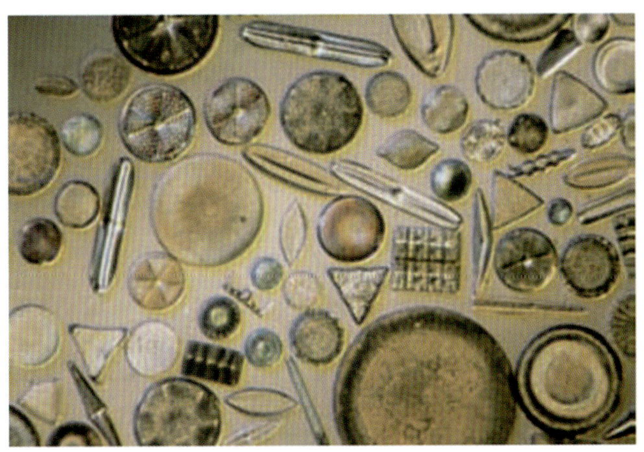

图 2-13 硅藻(Tom Garrison，Robert Ellis，2016)

依照不同的标准，硅藻可分为若干大类：按温度地理分为极地种、海冰种、亚极地种、北温带种、温带种、亚热带种、热带种、赤道种和广温种，或简单分作暖水种和冷水种；若按照硅藻行为方式与水体深度的关系，可分为浮游种、半浮游种和非浮游种；按硅藻对 pH 的容忍程度分类，则可分为酸性种与碱性种。

硅藻死亡之后，光合作用立即停止，胞壁及胞内有机质迅速分解，残存的硅质壳体被保留并继续沉降至海底。在此过程中，部分硅藻种类遭受溶解而在海底不复存在，但抗溶性种类，则可以在海底被长期保存，甚至在有些硅藻产量极高海区可以形成主要由硅藻壳体组成的硅质软泥。

随着科学技术的发展，硅藻被用作古地理重建的一种工具，取得了不错的效果。如日本学者计算硅藻温度指数，结果可以很好地反映北太平洋表层海水温度分布。在开展第四纪沉积硅藻研究中发现，冰期时其个体大，间冰期时个体小。

硅藻是贝加尔湖生态系统中最重要的生产者，在沉积物中它保存完好而且门类丰富，因而被作为贝加尔湖钻探岩芯古气候重建最广泛应用的替代性指标。

介形虫也有重要的古气候意义。介形虫在奥陶纪出现，一直延续到现代。介形虫是生长在水域中的无脊椎动物，大的像米粒，小的肉眼看不清，通常只有 0.5～1 mm 大小。找石油总少不了它，因为在陆地上或海洋的沉积中，介形虫的模样不一样。凭着这样一些不同形状、花纹的介形虫，石油地质工作者就能判断几千米深钻孔内的地层时代。其丰度和分异度可以用于指示古湖平面变化。

(3) 地球化学参数

地球化学参数(碳酸钙、硅、铝、钛、钪等)、大气气溶胶浓度和碳氧稳定同位素分析等方法。

硅的累积率反映近地表特殊类别的生物群落的大小，其值随着气候变化而增加或减小。碳化率则反映了底层水对累积的碳酸盐的溶解能力。南极地区以钠盐为代表的海盐气溶胶浓度可以从间冰期的不足 15 ng/g($1\ ng=10^{-9}\ g$)变化到冰期的 120 ng/g，相差近 1 个数量级；而以沙尘为代表的大陆起源的气溶胶则可从 50 ng/g 上升到 1 000～2 000 ng/g，即增加 20～40 倍。中国的黄土记录和历史文献记录均表明，在气候的寒冷期多沙尘，温暖期少沙尘。大气气溶胶光学厚度的增加可能使全球平均温度进一步变冷 2℃～3℃。由于大气气溶胶的气候效应已经在科学界得到公认，所以在冰期—间冰期旋回的研究中，其成为必不可少的一项指标。

沉积物中有机碳氮含量能够反映湖泊水体以及流域内生产力变化，而有机碳氮比值变化可进一步判断沉积物中有机质来源，并指示气候环境变化在其中的影响。

(4) 地质、物理因子

① 沉积物颜色

沉积物的红色色率往往与铁氧化物的含量有关。特别是盐膏层代表炎热而干燥的大间冰期或间冰期气候。

② 磁化率

磁化率指物质在磁场中被磁化的程度。磁化率的测量简单、快捷、经济，且不具有破坏性，因此在恢复气候的研究中也被广泛应用。

黄土高原在第四纪时期沉积的黄土—古土壤序列蕴藏着丰富的古气候信息(图 2-14)。黄土分布广、沉积连续、沉积厚度大等特点，使其成为研究第四纪以来气候和环境变化的良好载体。

图 2-14 中国靖边黄土剖面(王攀等,2019)

湖泊沉积物的磁性来自其中的磁性矿物,而天然湖泊中的磁性矿物主要是由其流域内的侵蚀作用产生,并通过径流搬运进入湖泊当中。因此,降水量会同时通过侵蚀速率和地表径流的搬运能力两方面来影响磁化率的变化。当磁化率较高时,流域内侵蚀以及径流的搬运能力较强,反映较暖湿的环境;反之,当磁化率较低时,流域内侵蚀搬运能力较弱,反映较干冷的环境。

③ 沉积物颗粒

沉积物颗粒的大小称为粒度,是判断搬运方式、沉积物来源并反映动力条件等信息的重要指标。因此,在恢复过去气候变化历史的研究中被广泛应用。粒度分布是对沉积物的搬运方式、动力条件以及沉积环境等影响因素的综合反映。研究表明,水动力条件较强时,沉积物颗粒较粗;反之,水动力条件较弱时,沉积物颗粒较小。

磁化率、粒度、元素地球化学参数等指标已经成为研究黄土记录的古气候变化的重要替代性指标。

3. 实例

马拉维湖钻探项目中,为了分析多种古气候指标,就利用岩性、颜色、密度、有机碳、磁化率、粒度、古生物和 TEX_{86} 古温度指标等,重建了 14 万年以来的古湖泊演化与古气候变化(图 2-15)。

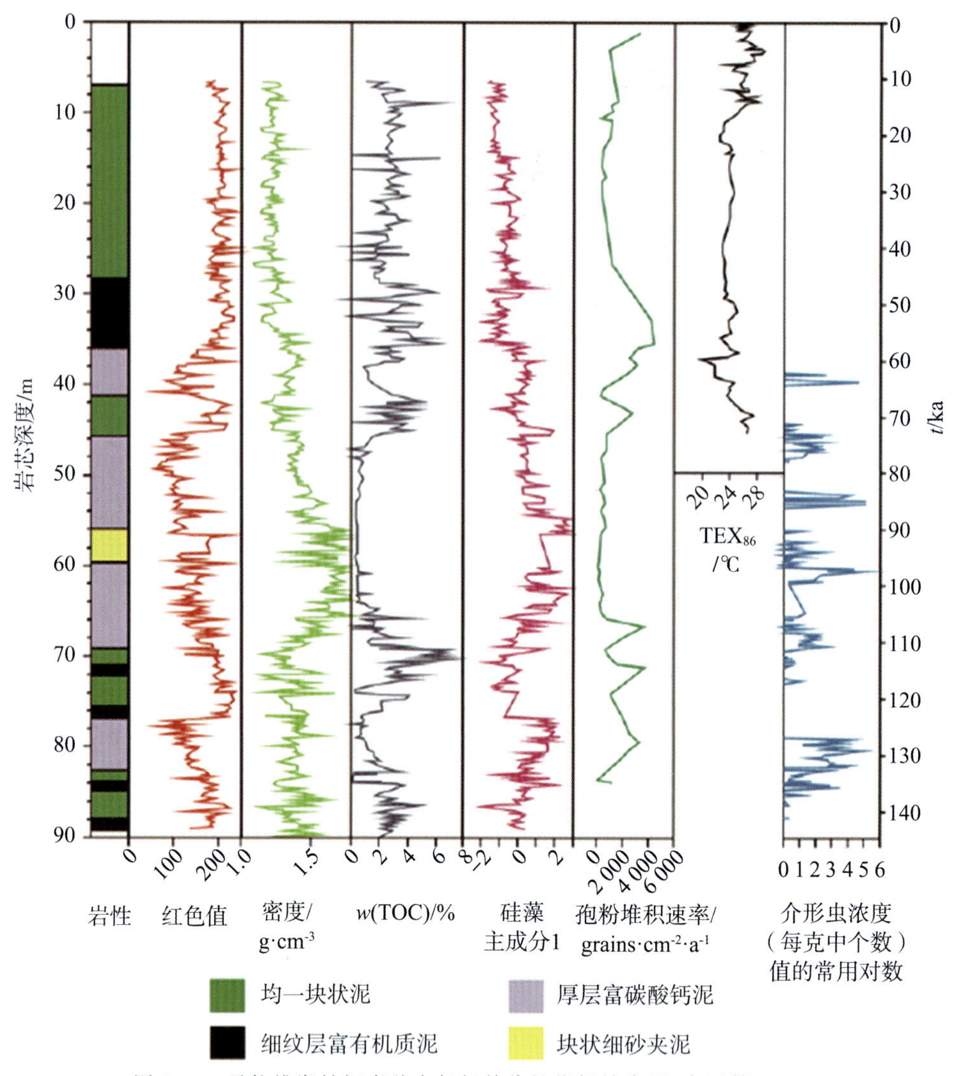

图 2-15　马拉维湖钻探多种古气候替代性指标综合图（高远等，2011）

图中从左至右依次是：岩性，红色值，饱和全岩密度，总有机碳（TOC），根据硅藻和其他生态分析所得的主成分 1，总孢粉堆积速率，TEX_{86}（最近几年提出的一个古海水温度重建指标，它是基于泉古菌的一个分支 Marine Crenarchaeota 所产生的一组生物标志物（GDGTs）的比值），介形虫浓度。

2.2.2　怎样给地球量体温？

1. 树木年轮法

树木年轮学是一门研究年轮特性，并利用年轮来定年和分析过去环境变化的科学。年轮，在许多树木圆盘上是清晰可见的，它来源于木材的春材与秋材在色泽上有深浅之分、结构上有疏密之别，导致每年形成一同心环，于是人们根据年轮环的计数即知该树木的年龄(图 2-16)。

从科学的观点看,树木生长过程常受制于多个生态因子,但其中必有 1～2 个因子起决定作用,这就是形成年轮生长格式的限制因子。如在干旱地区,降水是限制因子;在极端严寒的极地地区,温度是限制因子。于是,通过对树木年轮宽度和其他特征的量度,与之关系至密的温度和降水长期的年度变化就可以演绎出来。如果借助于某些特定的科学方法加以分析和探索,年轮细胞中淀积的古气候过程、灾害经历、碳同位素及污染物含量等可一一追踪再现。

图 2-16　树木年轮

Graybill 和 Shiyatov(1989)依据树木年轮与气候变化的关系研究重建了美国 1 000 多年来的温度和降水,而后 Mann 等(1999)使用更新数据重建了过去千年的温度变化。2018 年 6 月,中国科学院植物研究所树轮研究组前往青藏高原三江源地区进行科考,于曲麻莱县约改镇岗当村(33°47′28″N,96°7′47″E)采集了一棵大果圆柏老龄树的树木年轮样本,编号为 QMGDb10。使用树木年轮学方法鉴定其树龄为 646 年,达到一级保护古树级别。从其树木年轮宽度时间序列中可以看出(图 2-17),在过去的 600 年间,该树在 16 世纪 70 年代到 17 世纪初出现了明显的生长抑制现象,之后得到迅速释放。18 世纪 50 年代以及 19 世纪 20 年代,树轮宽度均达到极低值,表明在这两个时间段内树木生长受到明显抑制。在过去的 100 年中,该树的生长处于正常波动状态,显示健康状况良好。对 QMGDb10 大果圆柏树轮宽度与气候因子的相关分析发现,其生长与 5～6 月降水呈现最高的正相关关系,相关系数为 0.33,同时,与 5～6 月平均温度呈最高的负相关关系，相关系数为−0.38。因此，QMGDb10 大果圆柏在 16 世纪 70 年代到 17 世纪初出现的生长抑制，18 世纪 50 年代以及 19 世纪 20 年代树轮出现极低值，都极有可能是极端干旱气候所导致。

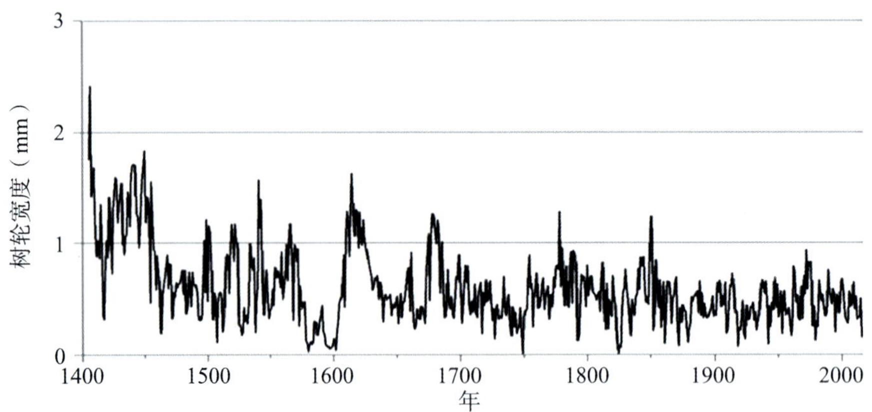

图 2-17　青海省曲麻莱县约改镇岗当村大果圆柏（QMGDb10）树轮宽度时间序列（宋馥杉，张齐兵，2019）

中国科学家利用千年祁连圆柏树木年轮，通过交叉定年技术（通过对比一定区域内不同树木在相近生长时段内年轮宽度序列的变化特征，再根据取样时间，对已形成的每一个年轮进行精确断代），鉴定古墓中圆木的砍伐年份，进而推测古墓的修建年代，具有考古方面的社会与文化价值。结合活树与古墓中保存的椁木、棺木等，可以建立 3 500 多年的年轮宽度年代表，追溯至商、周时代，对研究历史上的社会变迁和战争发生过程具有社会和文化价值。由此可见，树木年轮作为气候的表达与体现因素，是气候数据重建的一种有效手段。树木年轮在气候重建方面存在定年准确率高、易获取、辨别难度低的优势，且能够提供不间断的气候信息，在全球范围内得到广泛利用。

2. 考古、物候、历史文献

（1）考古

考古发掘物如动物遗骸、江河湖海的水位遗迹或人工刻记、古木、植物孢粉、冰川遗迹等都可提供历史气候的信息。例如，中国由安阳殷墟（公元前 1400—前 1100 年殷代故都遗址）发掘的大量亚热带动物（貘、水獐、竹鼠等）的遗骸，而推知当时黄河流域气候比现今温暖潮湿；在武丁时代（公元前 1365—前 1324 年）的一个甲骨上的刻文说，打猎时获得一象，表明在殷墟发现的亚化石象必定是土产的，不是从南方引进来的。河南省原来称为豫州，“豫”字就是一个人牵着大象的标志。这说明那个时代适宜大象生存，气候是温暖的。在山东历城县两城镇（北纬 35°25′，东经 119°25′）发掘龙山文化遗址时，在一个灰坑中找到一块炭化的竹节。这说明在新石器时代晚期，竹类的分布在黄河流域是直到东部沿海地区的，而现在竹类分布的北限大约向南后退了 1～3 个纬度。

由四川涪陵长江岸边的白鹤梁石鱼水标和枯水题刻记载的自公元 764 年以来长江 72 个枯水年份的水位，可推知长江上游流域降水状况的变化；从古墓葬、古建筑和考古发掘物所得的古木，可借助于年轮气候学的分析方法来推断古代的气候。

(2) 物候

没有观测仪器以前，人们要知道一年中寒来暑往，就用眼睛来看降霜下雪，河开河冻，树木抽芽、发叶、开花，候鸟春来秋往，等等。这就叫物候。

中国的许多方块字，用会意象形来表示。周朝的方块字中，如衣服、帽子、器皿、书籍、家具、运动资料、建筑部分以及乐器等名称，都以“竹”为头，表示这些东西最初都是用竹子做成的。因此，我们可以假设，周朝初期气候温暖，可使竹类在黄河流域广泛生长。

周朝的气候，虽然最初温暖，但不久就恶化了。《竹书纪年》上记载周孝王时，长江一个大支流汉水，有两次结冰，发生于公元前903和公元前897年。在周朝中期气候再次变暖，黄河流域下游梅树是无处不在的，单在《诗经》中就有五次提过梅。梅树果实“梅子”是日用必需品，像盐一样重要，用它来调和饮食，使之适口（因当时不知有醋）。到战国时代（公元前480—前222年）气候依然温暖。孟子（公元前372—前289年）说，当时齐鲁地区农业种植可以一年两熟。

三国时代（公元155—220年），曹操在铜雀台种橘，只开花而不结果，气候已比较寒冷。曹操的儿子曹丕，在公元225年到淮河广陵（今淮阴）视察十多万士兵演习，由于严寒，淮河忽然冻结，演习不得不停止。

6世纪末至10世纪初，是隋唐（公元89—907年）统一时代。中国气候在7世纪的中期变得和暖，公元650年、669年和678年的冬季，国都长安无雪无冰。8世纪初期，梅树生长于皇宫。公元1329年和1353年，太湖结冰，厚达数尺，人可在冰上走，橘尽冻死。

(3) 历史文献

如官方史书、宫廷档案、方志、农书、类书、宗教案卷、航海日志、私人日记及文学作品中有着关于水旱、晴雨、冷暖以及风、雨、雪、霜、雹等的浩繁记载，系统地搜集、辑录和鉴定这些材料，可编制各类气候年表，也可将年表转换成定量的气候参数序列，如干湿指数、冷暖指数、旱涝等级、寒冻频率和冰冻次数等，以供分析气候变迁的规律。

我国到了明朝（公元1368—1644年），即14世纪以后，由于各种诗文、史书、日记、游记的大量出版，物候的材料散见各处，幸而此种材料大多收集在各省各县编修的地方志中。我国地方志有5 000多种，为一个地区的气候提供了很可靠的历史资料。明朝以来的500多年间，我国最寒冷期间是在17世纪，特别以公元1650—1700年为最冷。例如，唐朝以来每年向朝廷进贡的江西省橘园和柑园，在公元1654和1676年的两次寒潮中，完全毁灭了。

3. 化石的判断

(1) 何谓化石

化石的英文“fossils”，来源于拉丁文“挖”，表示从地底下“挖”出来的某种东西，而且这些东西都是石质化非常古老的岩体。

那么，所谓的“某种东西”是什么呢？实际上是动植物的骨骼和躯体。

大约在几十亿年前，第一个有生命的东西就出现在地球上，我们还不能确切知道它们是什么，但我们可以肯定，它们是些单细胞生物。有记录可查的第一个有生命的东西是原始海藻——靠群体生长的单细胞植物，很像今天的海藻。最早的动物是海绵、珊瑚和水母。所有这些东西都住在暖海中，覆盖着大部分海面。

通常，当一种生物死掉后，它的身体腐烂了，有机质消失了，变成无机盐又回到大地。用文明的说法，即回归本原。但是，有时会发生另一种情况：变成化石。这样一来，化石成为史前植物和动物存在的最有力的证据。那么化石是怎样形成的？

(2) 生物躯体是怎样形成化石？

① 泥沙的埋藏

让我们设想一下，一条鱼在河口水域中嬉戏，当它死后，就沉到海底，很快上面就覆盖一层泥沙(图 2-18)。在河口区，泥沙是最不缺乏的物质。慢慢地，鱼的软组织腐烂了，但是其硬体部分，诸如骨骼和鳞片，则长久地留在淤泥中。更多的泥沙一层层地叠加到骨头上，越积越厚，越厚越重，时间持续了千万年，甚至几亿年，最后泥沙与鱼骨一起变成岩石，即如今的沉积岩。

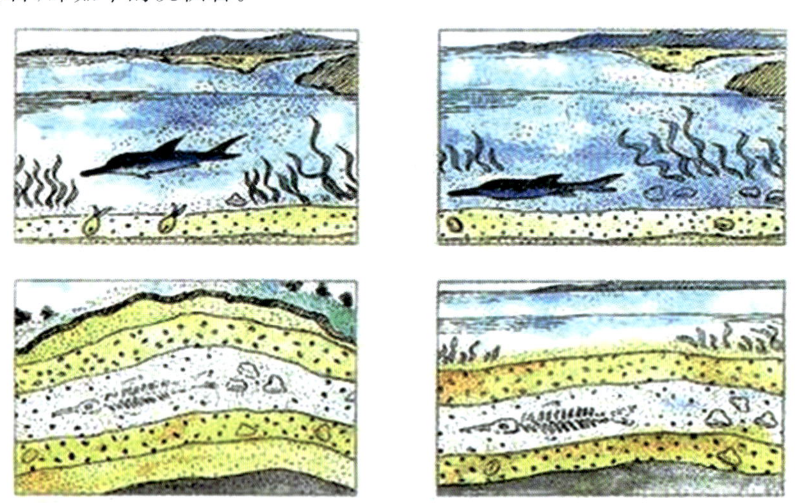

图 2-18　鱼死亡后被泥沙埋藏变为化石的过程

② 树脂的包裹

有的整个植物和动物因陷进某种物质中，迅速与空气隔离，尸体不腐，变成活生生的化石。琥珀就是这种物质之一(图 2-19)。琥珀看起来很像透明的黄色塑料，实际上它最初是针叶树流出的黏黏的树脂。昆虫等有生命的东西，爬过树干，或在树枝上玩耍，对这种闪光的东西产生好奇，靠近它而被树脂黏住，开始作拼命挣扎，然而树脂越滴越多，把这些小东西全部包裹起来，最终成为这些因饥饿、疲劳、窒息而死的昆虫坟墓。树脂长期与空气接触而变硬，最后与死后的树一起埋进泥土里，几百万年之后，就变成琥珀。

图 2-19　琥珀

③ 沥青池的沦陷

焦油沥青，是另一种保存动物躯体不腐烂的物质，成千上万的动物骨骼在天然的沥青池中被发现。原来这“黑色怪物”，竟是吞噬生命的陷阱。这些池子最初是露天张口的，上面储存天上落下的雨水，动物渴了，就跑到这里喝水，有的因速度过快冲进池中，也有的因互相拥挤而掉了进去。不管什么情况，进去就再也出不来。可怜的动物们，躯体慢慢沉降到沥青下面，并永远埋葬在那里（图 2-20）。加利福尼亚洛杉矶附近发现一座沥青池，就是这些不幸的动物“陈尸所”。从那里挖出的有马、猛犸、狼、剑齿虎和秃鹰等。

图 2-20　沥青池的沦陷

④ 冰的冷藏

冰是第四个可保存动植物的物质。在阿拉斯加和西伯利亚的冻土带，猛犸和犀牛都曾被发现。它们就像活着时一样，骨头、肌肤、毛发、趾甲甚至腹中食物都保存完好。遗憾的是，冰化石只有两万年，与其他化石相比则太年轻了。

⑤ 火山灰的保存

火山灰也可以把动植物包裹起来，使它们免于腐烂，从而流传万代。美国俄勒冈州和科罗拉多州一些山谷多次发现这类化石。原来，火山爆发时许多有毒气体，先杀死这些动植物，然后火山灰再把它们埋起来。火山灰又变成凝灰岩，包裹的动植物都变成化石。美国黄石公园中有一段峭壁，其中保持了 17 种森林的石化物，一个接着一个。

(3) 为什么化石可以判断气候冷暖？

某些化石作为环境的指示物是很有价值的。例如，造礁珊瑚似乎总是生活在与今天相似的条件下。因此，如果地质学家找到了珊瑚礁化石——珊瑚最初被埋藏的地方，就有理由认为，这些含有珊瑚的岩石形成于温暖的、相当浅的海中。这就使得勾画出史前时期海的位置及范围成为可能。珊瑚礁化石的存在还可指示出古代水体的深度、温度、底部条件和含盐度。珊瑚在寒冷的环境中是无法存活的，而如果地层中含有仙女木植物化石，那么此地层形成的环境一定是寒冷的，因为仙女木只能生长在苦寒之地。

4. 地质温度计

(1) $\delta^{18}O$

用上述方法只能粗略地估计气温的高低，而同位素方法可让我们确切得到当时的温度。

早期的古海洋学研究与稳定同位素理论的建立密切相关，美国化学家尤里(Urey)于 1947 年提出利用海洋碳酸盐中氧同位素的组成来恢复地质时期的海水温度变化，1955 年，美国地质学家埃米利尼亚(Emiliani)首次利用浮游有孔虫壳体氧同位素测得了更新世海水表层的古温度，得出了更新世的冰期与间冰期旋回，验证了米兰科维奇理论的正确性，这一时期的古海洋学可称为“氧同位素古海洋学”。其基本原理如下。

自然界中氧以^{16}O、^{17}O、^{18}O 三种同位素的形式存在，相对丰度分别为 99.756%、0.039%、0.205%，天然物质的氧同位素组成通常用由^{18}O 与^{16}O 的比值确定的 $\delta^{18}O$ 来描述。

这是为什么？因为^{18}O 的含量与当时的气温有关。气温越低，高纬度的冰雪体中^{18}O 含量就越低。即使热带地区珊瑚礁中^{18}O 也与当时的气温有关。因此，氧同位素在地球科学中广泛用于确定成岩成矿的物质来源及成岩成矿时的温度。氧同位素在地质学中被用作年代确定的参考，常用于冰川的断代。

$\delta^{18}O$(VPDB 标准)的计算公式为

$$\delta^{18}O=[(^{18}O/^{16}O)_{样品}/(^{18}O/^{16}O)_{标准}-1]\times 1\,000$$

盐度的变化同样能够影响水体的氧同位素组成。一般地，低盐的水体中氧同位素组成也较低。杜普莱斯(Duplessy)等给出了北大西洋的盐度与海水氧同位素组成的关系式：

$$\delta^{18}O=0.558S-19.264$$

式中，S 代表盐度。这表明了盐度越高，海水的氧同位素也越高。影响海洋中海水盐度的因素因地而异，蒸发—降水平衡、陆地径流的流入以及海冰的形成和融化等都会造成盐度变化，进而影响海水中的氧同位素组成。由于有孔虫壳体是从海水中分泌形成的，海水的氧同位素对有孔虫壳体有很大程度的影响。因此，在用氧同位素计算古代温度时，还必须进行盐度校正。

Shackleton 和 Boersma(1981)通过对全球大量深海沉积样品进行研究，在借用参考值海水 δ^{18}Ow＝－1.2‰的前提下，利用 Shackleton(1974)提出的有孔虫壳体 δ^{18}Os 和温度(T)关系式：

$$T=16.9-4.4(\delta^{18}\mathrm{Os}-\delta^{18}\mathrm{Ow})+0.1(\delta^{18}\mathrm{Os}-\delta^{18}\mathrm{Ow})^2$$

(2) 浮游有孔虫的 Mg/Ca 比值分析

通过浮游有孔虫壳体的镁和钙的比值(Mg/Ca)来恢复海水古温度，是近年来发展起来的较好的表层海水温度的替代性指标。

Mg 元素和 Ca 元素在海水中驻留时间分别为 1300 万年、100 万年。在 10^4～10^5 年的时间范围内，世界大洋中溶解的 Mg 元素的时空变化并不明显，因此海水中的 Mg/Ca 基本是一个常量。有孔虫壳体形成过程中，壳体 Mg/Ca 主要随环境温度敏感变化。科学家们做了大量的实验工作，在 20 世纪 90 年代最终确立了有孔虫 Mg/Ca 比值与温度之间的关系。采用 Anand(2003)的 Mg/Ca-T 计算公式，分别给出针对表层种和次表层种的温度计算公式。

① 针对表层种 *Gs. ruber* 的计算公式：

$$\mathrm{Mg/Ca(mmol/mol)}=0.38\times\exp(0.09T)$$

② 针对次表层种 *P. obliquiloculata* 计算公式：

$$\mathrm{Mg/Ca(mmol/mol)}=0.18\times\exp(0.12T)$$

式中，T 是温度，以℃作为单位。

2.2.3　怎样给研究对象定年代？

1. 同位素衰变

高精准的测年资料是衡量古海洋、古气候研究成果的关键所在，尤其是对高分辨率沉积物记录的研究必须建立在高精准的年代基础上，只有这样才能与周围区域对比，进而得到区域性甚至全球性的气候变化内在联系，并探寻其在不同尺度上的环境演变机制。

考古学绝对年代的断定在很大程度上不得不借助自然科学的手段，同位素测年法是根据天然放射性元素衰变的原理，其衰变过程不依赖于任何外界条件(包括温度、压力、电场、磁场等)的变化，而以本身所固有的速度自发进行。

如果在地质体形成或被改造时，存在某种含量较高且具放射性的母体同位素，该母体同位素随时间逐渐蜕变成稳定的子体同位素，并且生成的子体同位素保存在封闭环境中，使该地质体子体同位素逐渐增多，母体同位素含量逐渐减少，然后测定母体同位素与子体同位素之比，则可以通过计算获得该地质体的形成时间。

这个衰变过程就作为同位素测年的基本原理，其数学公式为

$$t=(1/\lambda)Ln(D/N+1)$$

式中，t 为研究对象形成至今的时间，λ 为衰变常数，D 为子体同位素的累计含量，N 为母体同位素衰变后的含量。

自从^{14}C法、热释光法、古地磁学、孢子花粉分析、骨化石含氟量法等自然科学渗透到考古学中之后，考古学的绝对年代测定才真正地建立起来。

2. ^{14}C

以^{14}C为代表的放射测量断代法的应用及其发展，给考古年代学带来了一场空前的变革。放射性物质在地球上是普遍存在的，有些已达几十亿年，长到足以记录地球上发生过的一切事物，而其变化也是遵循其固有的规律的。科学家正是利用这些规律及其他一些特性，将其作为主要的考古断代法之一。在一系列放射性断代法中，影响最大的当推^{14}C测年法。

(1) 碳的“三兄弟”

碳有^{12}C、^{13}C、^{14}C三种同位素。^{12}C是质子数和中子都为 6 的碳原子，围绕它们外层的是 6 个电子(图 2-21)。而^{13}C有 7 个中子，^{14}C则是有 8 个中子。从数量来说，自然界中^{12}C占 98.89%，^{13}C占 1.11%，^{14}C占 1.2×10^{-10}%，^{12}C是碳族中的“老大哥”。打个比方：如果把几十米高的沙山当作碳总量，那么^{14}C在其中只有 2～3 粒而已。不过，从重量上来说，^{14}C最重。^{12}C、^{13}C性质稳定，无放射性，^{14}C有放射性。^{14}C的放射性这一特殊性质，在考古学上发挥了重要作用。

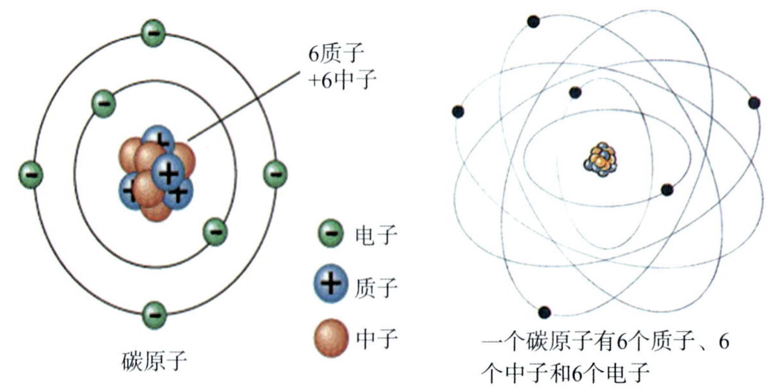

图 2-21　^{12}C原子结构

(2) 崭露头角的^{14}C

20 世纪 80 年代，西方教会用现代高科技澄清了一个历史大悬案：耶稣的裹尸布真伪的问题。原来在意大利都灵一座小教堂里保存了一块被认为是用来包裹耶稣尸体的布。这块圣体裹尸布被人藏起来有 300 年之久。布上隐隐约约有一个人的前身和后身的影像。这块布每 100 年大约只拿出来公开展览 4 次，每次展览，成千上万的教徒都赶

来瞻仰。他们相信所看到的就是耶稣基督的遗物，也是基督教在全世界保存得最严密、引起最大争论的一件遗物，是无价之宝。但是，一大批批评者认为裹尸布根本是伪造的，是一位聪明画家的杰作。

那么耶稣裹尸布到底是真是假？后来经科学家用^{14}C鉴定，那块裹尸布是假的。裹尸布所用的亚麻原料纤维是公元13世纪才种出来的。而此时耶稣已经去世1 200多年了。

(3) ^{14}C的神奇来自哪里？

① 放射性同位素的特点

放射性同位素的特点是它具有不稳定性，它会“变”。它的原子核很不稳定，会不间断地、自发地放射出射线，直至变成另一种稳定同位素，这就是所谓“核衰变”。

放射性同位素在进行核衰变的时候，可放射出α、β、γ等射线，其核衰变的速度不受温度、压力、电磁场等外界条件的影响，也不受元素所处状态的影响，只和时间有关。

放射性同位素衰变的速度，用“半衰期”来表示。半衰期即一定数量放射性同位素原子数目减少到其初始值一半时所需要的时间。如P(磷)原子的半衰期是14.3天，就是说，假使原来有100万个P原子，经过14.3天后，只剩下50万个了。

^{14}C是宇宙射线撞击空气中的氮原子所产生。其半衰期为5 730±40年，衰变方式为β衰变(在β衰变中，核内的一个中子转变为质子，同时释放一个电子)，即^{14}C原子转变为^{14}N原子[C(14,6)→N(14,7)+e(0,−1)]。

(1) ^{14}C广泛存在生物体内

我们知道阳光驱动植物呼吸，这是地球生命链条的第一个环节。碳家族以二氧化碳形式进入植物体内，不仅保存了自己，也催生植物的勃勃生机。

首先，^{14}C与氧气结合生成$^{14}CO_2$，通过上述变化生成葡萄糖，成为有机体的重要成分。当食草动物吃了植物以后，体内就有了^{14}C，而食肉动物吃了食草动物之后，体内也有了^{14}C。

$$6\,^{14}C+12H_2O\xrightarrow{(\text{光、叶绿素})}\,^{14}C_6H_{12}O_6+6O_2+6H_2O$$

在植物、动物死亡的那一瞬间，也就关闭^{14}C进入的大门，体内的碳将不再更新。在大气和活的有机体中，^{12}C和^{14}C的比值是相同的，一旦进入的大门关闭，^{14}C的自身衰变开始绽放出神奇的魅力。死亡的生物实际上就是无处不在的“时钟”。

(3) ^{14}C量计算

我们目前还不能看到原子，但是可以识别原子的质量。其依据是，当原子运动在拐弯时，质量不同，拐弯半径是不一样的。

加速器质谱方法(AMS)进行^{14}C测年是20世纪70年代末发展起来的一项核分析技术。

加速器质谱方法就是把检测样品放到由几百万伏电压构成的管道系统中，在电压驱动下，原子高速运动。然后，在设置好的唯一弯道中，只让一种特定质量的原子通过，这样就能将特定质量的原子从成千上万的原子中海选出来。

捕捉^{14}C,大底也是如此。首先清理管道中非碳家族的物质。清理后,管道中就只剩下碳家族三个成员。^{14}C最重,走弯道最外侧——尽管^{14}C只有万亿分之一,仍可被一一抓到——并对^{14}C原子进行计数。

和常规^{14}C测年方法相比,AMS具有样品用量少和测量时间短的优点,特别适合珍贵样品的测量。常规^{14}C衰变法测年所需样品含碳量一般为1～5 g,而AMS仅需1～5 mg,在某些特殊情况下甚至可测量含碳0.1 mg以下的样品。AMS测量现代样品达到1%的精度只需10～20分钟,常规衰变法需10个小时以上。当然,和常规^{14}C测年方法相比,AMS也有设备耗资大、测量过程复杂的问题。

(4) 前途无量的^{14}C

^{14}C测年法是目前考古学最精确的测年方法,具有许多优点。

① 测量年代范围广,可测定距今1 000～50 000年内的考古样品。

② 检测样品易得,凡是含碳的骨头、木质器具、焦炭木或其他无机物均可。虽然很多文物不是生物体,如陶罐、青铜器,但总能在其上找到一些生物残留,像烟灰、油脂等,只要找到它们,就能知道文物生产的那个年代。例如,2002年杭州萧山跨湖桥遗址出土的独木舟,残长5.6 m,宽0.52 m。独木舟用整棵马尾松加工而成,船头上翘。经^{14}C测定,萧山独木舟距今7 000～8 000年,是迄今发现世界最早的水上交通工具。

③ 对样品要求不严格,埋藏条件无要求,取样也很简单。

AMS^{14}C测年技术的应用,使6万年以来的地层年代学精度达到百年级,带来了地质年代测定的革命,这项新技术的应用使得高频古海洋学事件的研究成为古海洋学研究的新热点。

3. 钾与氩

钾在地壳中含量丰富,重量约占2.8%。它有两个主要的非放射性同位素^{39}K、^{41}K,共占99.9%以上。另有一个放射性同位素^{40}K,只占0.011 8%。^{40}K(质子数19,中子数21)有两种不同的衰变方式,约有89%放射一个电子,衰变成^{40}Ca,其余11%以捕获K层一个电子的方式衰变成^{40}Ar(质子数18,中子数22)。放射性衰变成的^{40}Ca与原来岩石中的^{40}Ca无法加以区别,难以定量估计。因此,只有^{40}K衰变生成的^{40}Ar可作为判断岩石年龄的根据。

氩是惰性气体。在火山岩形成时,由于高温,岩石中不可能保留气体。冷却后,具有放射性的^{40}K逐渐衰变出一部分^{40}Ar,在岩石中不断积累。因此,只要测出岩石中的^{40}K和放射性成因^{40}Ar的含量,就可以定出该岩石形成的年代。

钾-氩法断代主要应用于地质学上测定火成岩的年代,因为^{40}K的半衰期为1.248×10^{9}年,时间很长,年轻样品累积的^{40}Ar很少,不易测准,误差较大。在考古上的应用主要是确定年代久远的旧石器时代早期遗址和古人类的年代。如遗址或古人类化石被埋在火山灰中,或者遗址地层与火山岩层相关联,能进行比较,则可利用此种火山岩作钾-氩法测定,以定出古人类遗址的绝对年代。

4. 铀-铅(U-Pb)同位素定年技术

U-Pb 同位素定年技术是最早应用的同位素定年技术之一，是通过测定矿物中的^{238}U 和^{235}U 经放射性衰变生成稳定的^{206}Pb 和^{207}Pb 的基本原理来进行测年的，可同时获得$^{206}Pb/^{238}U$ 年龄、$^{207}Pb/^{235}U$ 年龄和$^{207}Pb/^{206}Pb$ 年龄，若 3 个同位素年龄值在误差范围内是一致的，则任何一个均可代表矿物的形成年龄；反之则需要进行内部校正获得准确的矿物形成年龄。

目前 U-Pb 同位素测年法常用的主要有：离子探针微区原位 U-Pb 测年法、激光剥蚀法、同位素稀释-热电离质谱法。放射性同位素的半衰期越长，如^{238}U 的半衰期为 4.5×10^9 年，越能用来测定更古老物体的年龄，如用^{238}U 可以测得太阳系的年龄为 45 亿年。

2.2.4　小小有孔虫的功勋大

1. 大海里的小巨人

有孔虫犹如一粒沙子，多数有孔虫个头只有几百微米大小。它是汪洋大海中的小不点，小到肉眼难以发现，平均只有 1 mm 长。现在已知不同地质时期的种类约有 4 万种。因其房室之间有孔相通，故称有孔虫。这种在地球上已生活了 5 亿年的单细胞动物，对海洋环境变化极为敏感，每一个属种都有独特的“生命曲线”，从而成为科学家确定深海沉积年龄的“标签”，成为地球沧海桑田变迁的“见证者”，被誉为“大海里的小巨人”。

现代的有孔虫绝大多数是海生的，只有少数生活在泻湖、河口等半咸水的环境里，也有极少数广盐性的可以生活在超过正常盐度的咸水里，还有极个别的种类可以生活在淡水里。

如果你有机会参观中科院海洋研究所的海洋生物标本馆，首先映入眼帘的是悬挂在大厅中央的有孔虫放大模型(图 2-22)。其种类繁多，形态各异，有瓶状、螺旋状、透镜状等。有的是透明的，晶莹剔透，像一颗颗水晶；有的虽是透明的，却感觉里面像是一个个小气泡；有的全身白色，就像牛奶那样白，形状却像一朵小花；有的是淡淡的褐色，形状就像一个葫芦……在放大镜下，可以观察到这小小的有孔虫变化多端，精美绝伦。每一个有孔虫都是一件精美的艺术品！

图 2-22　海洋生物标本馆有孔虫放大图形

广东省中山市三乡小琅环公园，有茂密茁壮的树林，有清脆动听的鸟鸣，有潺潺流动的泉水，还有全球第一个有孔虫雕塑公园(图 2-23)，这是 2007 年，依据郑守仪院士捐赠的有孔虫研究成果建成的。她是中国现代有孔虫研究第一人，也是有孔虫研究最高奖——“库什曼奖”获得者。

有孔虫成为三乡乃至整个中山研究本土历史变迁、地理资源的重要依据，带领广大青少年走进科学探索的殿堂。

图 2-23　广东省中山市三乡镇有孔虫公园

2. 有孔虫家族的神奇特征

(1) 遗壳覆盖 34.5%深海平原

海洋中曾经生存过的有孔虫究竟有多少？相信答案绝对是天文数字，谁也无法数得清。有孔虫寿命短暂，但是这种小虫却无比执着地留下了自己生命的印记——独一无二的外壳。

科学家们不断发现有孔虫化石，几万年前的，几十万年前的，人类出现之前的，几百上千万年前的……世界上的深海平原比陆地要辽阔许多倍，覆盖 34.5%深海平原的，竟是这种微不足道的小虫的遗壳。甚至在高耸入云的喜马拉雅山上，中国科学院南京地质古生物研究所的科学家们也发现了有孔虫化石。

我们没办法想象，莽莽混沌的远古洪荒究竟是何种模样，幸运的是，有孔虫能够告诉我们这些。当然，唯有古生物学家才是有孔虫的“知音”，他们读懂了这些沉寂数亿年的小虫子，翻译出无限时空里深埋的无穷信息。

(2) 神奇的适应能力

有孔虫是海洋单细胞动物，虽然小得肉眼无法看清，但是它却“五脏俱全”。有孔虫和人类一样，也能呼吸、生殖、消化、排泄，它的细胞器官分工非常严密。海平面1万米以下的马里亚纳海沟，黑暗、低温、高压、营养极度贫乏，和太空一样都是人类难以抵达的极限环境，但是，一些有孔虫却能奇迹般地在海沟中自由自在地生活。

地球上最恶劣的环境莫过于大洋底的热液喷口，从这些海底的裂缝中，喷出约400℃的高温岩浆状物质，还经常伴随着硫化氢、砷、铅等剧毒物质。令人难以置信的是，即便是在这样严酷的环境附近，有些有孔虫也能生存、繁殖……

(3) 多变的繁殖方式

有孔虫最外面一层是碳酸钙壳，壳上有孔，伪足可以从孔中伸出来捕捉食物。它们喜欢吃硅藻和其他微型藻。有孔虫分为在海洋表层生活的浮游型和深藏海底的底栖型。其中，以底栖有孔虫为多，底栖有孔虫可以用伪足进行有限的运动，每小时能移动1～6 cm。更为奇妙的是，有孔虫的繁殖有两种方式——有性繁殖和无性繁殖，两个有孔虫配子“亲昵”地聚在一起，共同生存繁衍下一代，传递下生命的种子。

(4) 忠诚的“史官”

在繁殖的过程中，为了适应变化的环境，有孔虫会不断变异出新的种类，一般“有孔虫”的壳都是碳酸钙，遇到酸就会溶解，但是在酸性环境中，有孔虫会用硅砂建造它的外壳，这样就不会溶解于酸了。

根据同济大学汪品先院士等的研究，季风驱动上升流可以导致生产力升高和温跃层变浅。代表高生产力的浮游有孔虫相对丰度增高，生活在混合层中的浅水种有孔虫比例降低，是季风加强的重要标志。

他们在南海以杜氏新方球虫(*Neogloboquadrina dutertrei*)这种有孔虫作为参照，发现它在760万年前突然增加，到了320万至200万年前时进一步增多；而混合层浅水种有孔虫则在距今800万年前急剧减少，到了距今320万至200万年时进一步减少，与前一种有孔虫的变化趋势恰好相反——这意味着，在这两个时期，在东亚发生过两次季风强化事件。几百万年前的风怎么吹，都由有孔虫记录下来。

由于镁离子置换碳酸盐中的钙离子是一个吸热过程，所以，如果有孔虫生活环境水体温度升高，有孔虫壳体中的镁含量就会增加。根据某种有孔虫壳体中的镁钙比值，45万年来南海西部表层海水古温度的变化历史在人们面前徐徐展开。

一些浮游有孔虫壳的旋转方向随温度发生变化，在冷水中多为左旋，暖水中多为右旋，因此可以用地层中化石的旋向变化来指示水体的温度变化。

2.3 实践是检验真理的标准

2.3.1 地质学家的卓越贡献

1. 内容丰富的沉积物

深海沉积物主要是生物作用和化学作用的产物，还包括陆源的、火山的与来自宇宙的物质。古海洋学、古气候学的发展也有赖于深海沉积物的研究。深海沉积物的主要类型如下。

（1）生源沉积物

① 钙质软泥，为钙质生物组分大于30%的软泥（生物组分以碳酸钙为主），包括有孔虫软泥、白垩软泥（颗石藻软泥）和翼足类软泥。

② 硅质软泥，为硅质生物组分大于30%的软泥，包括硅藻软泥和放射虫软泥(图2-24)。

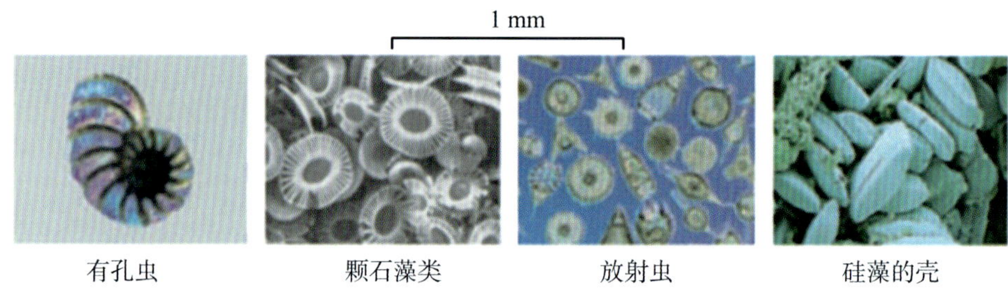

图 2-24　海底沉积物中生源沉积物

（2）非生源沉积物

非生源沉积物主要有褐粘土、自生沉积物、火山沉积物、浊流沉积物、滑坡沉积物、冰川沉积物和风成沉积物。

图2-25为调查者正在冰山上方对冰山沉积物取样，其中包括大气扬尘和将冰山送入海洋的冰川沿途切削的碎石。当冰山溶解后，这些沉积物落入海底。

图 2-25　研究者在冰山上方对冰山沉积物采样

2. 钻探

钻探，就是利用深部钻探的机械工程技术，以开采地底或者海底自然资源，或者采取地层的剖面实况，撷取实体样本，以供实验取得相关数据资料等。

钻探是地质勘探工作中的一项重要技术手段。用钻机从地表向下钻进，可从钻孔中不同深度处取得岩芯、矿样、土样进行分析研究（图 2-26）。

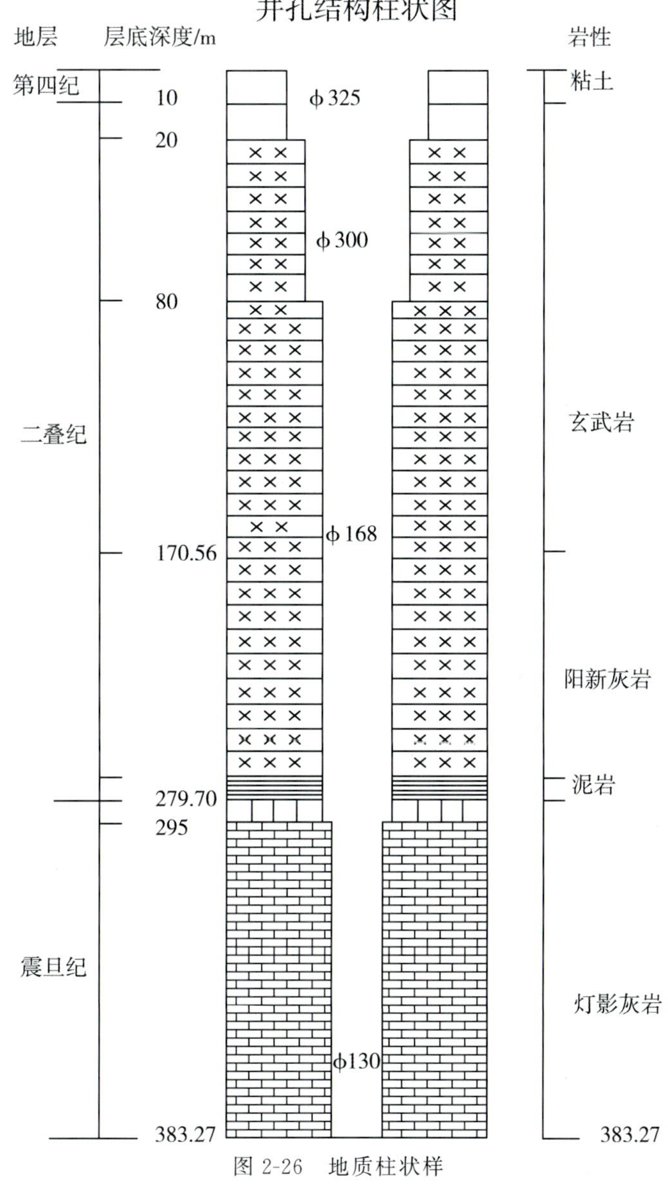

图 2-26　地质柱状样

钻探所用钻机主要分为回转式与冲击式两种。科学钻探是获取连续完整的地质记录最有效的方法，被誉为“深入地球的望远镜”，是了解地球历史的重要途径。

钻探技术发源于中国汉朝（公元前 202 年至公元 220 年），其首要作用是找水喝，其次是找盐吃。钻探技术堪称是我国的重要发明。在1700年以前，中国人打了1万多口井，深度都超过500 m，目的就是取盐。

现代深海钻探计划，是1968年至1983年间实施的一项海洋钻探计划，其目的是在世界大洋钻井，采集沉积岩芯，取得洋底地壳上层的资料。

2.3.2 著名的钻探活动与发现

1. 北极地区气候变化

湖泊沉积物中的岩性与颜色变化、生物特征和地球化学参数等都是古气候的良好替代性指标。北极地区在地球气候系统中扮演了至关重要的角色，但对北极气候变化的可靠预测却由于缺乏过去的气候记录而一再滞后。位于俄罗斯东西伯利亚楚科奇自治区楚科奇半岛的埃利格格特根湖钻探项目，获得了西伯利亚地区300万年以来连续、高分辨率的沉积记录，通过岩相、磁化率、元素比和孢粉等替代性指标，重建古温度和古降水量，并与同时期高分辨率的深海氧同位素、太阳辐射量、大气二氧化碳浓度、海水表面温度和南极地区的古气候记录进行了对比。

研究发现，上新世中期(530万～258.8万年前)大气二氧化碳浓度约为400×10^{-6}，与现今类似；此时，北极地区的夏季温度也比今天高约8℃；随后在上新世—更新世之交(260万年前)北极发生台阶式的气候变冷，直到220万年以后，北极地区出现显著的冰川，温度才低于现今水平；第四纪(300万～200万年前)存在多个“超级间冰期”，“超级间冰期”期间北极地区的夏季最高温度比普通间冰期高4℃～5℃，年降水量约高300 mm。

2. 北半球中纬度地区气候

中国松辽盆地大陆科学钻探“松科1井”获得了距今7 500万～6 600万年间近乎连续的河湖相沉积，对其中古土壤钙质结核的稳定同位素分析与深海氧同位素、表层海水温度、大气二氧化碳浓度、海平面变化、南极海冰指标的对比研究，揭示出东亚中纬度地区的陆地气候变化特征。

7 000万年前，全球气候变冷，南极地区可能发育冰盖，松辽盆地古气候记录显示温度降低；6 600～6 900万年前，全球气候变暖，大气二氧化碳浓度升高，松辽盆地温度和降水量也升高。

3. 深海钻探

1968年至1983年的15年间，“格罗玛·挑战者”号，在624个钻位上钻探了1 092个深海钻孔，采集深海岩芯总长超过97 km，采集范围覆盖了除北冰洋之外的全球各大洋。1975年，苏联、联邦德国、英国、日本等国也加入了该项计划。

深海钻探计划最重要的成果就是验证了海底扩张学说和板块构造学说。此外，还根据海底钻探所取得的岩芯，重建了大西洋的海底扩张历史，指出距今9 000万年前，南极洲与澳洲、南美洲分离，逐步形成了大西洋；还证明了印度板块曾每年以超过

10 cm 的速度向北漂移，在近 6 500 万年移动了 4 500 km。

半个多世纪以来，成熟的大洋科学钻探获得了丰富的中生代以来的海相地质记录，在重建中—新生代海洋气候变化领域取得诸多研究成果，为了解不同时间尺度下地球气候系统的变化奠定了基础。

4. 冰芯钻探

在极地科学家的眼中，冰芯就像一本“无字天书”，蕴藏着地球气候变化的秘密。专家解释，降雪层里的化学成分可反映当时的大气环境，如湿润的气候海缘性离子比较多——水汽通过海洋蒸发，降水量大；如果是非常干燥的情况下，则陆缘性离子比较多。如此，通过研究冰芯可分析出气候的干燥、寒冷、温暖的状况。

此外，雪堆内部包含着大量的大气。这部分大气随着雪逐渐被压缩成冰时又被“囚禁”在其中，与外部的大气完全隔离。每年下的雪又在此冰上堆积起来，冰进一步被压缩成冰层。而囚锢在冰中的大气变成微小的气泡，再也不能泄漏到外面。经过漫长的岁月，气泡可称为“大气的化石”。因此，通过钻孔将含有这种气泡的冰取出研究，只要把气泡中的 ^{16}O 和 ^{18}O 的比率测定出来，就能知道地球当时的温度，进而了解有关当时地球环境的许多情况。

另外，从冰芯中也能推断人类活动的情况。工业革命以后，地球大气中二氧化碳与甲烷分别增加了 25% 和 150%，直到 20 世纪五六十年代进行核试验为止，南极的冰都正确地将人类活动的痕迹记录了下来。

由于南极常年处于极低气温环境，少有人类活动的干扰。因此，这里的冰芯保真性良好，分辨率高，记录时间长达几十万年，同时，它所蕴含的信息量也比其他自然物质要多，因此受到地球科学家们的青睐(图 2-27)。日本科学家研究发现，南极的冰芯中甚至还包含了约 1 000 年前爆炸的超新星遗迹，这在天文界引起了轰动。

图 2-27　我国科学家在南极钻探冰芯(国土资源 2013 年 3 月号)

2.3.3 米氏理论受到的检验

1. 东南极冰芯温度的 10 万年周期

东南极，是指从威德尔海西缘至罗斯海东缘的南极地区，即 30°W～170°E 这个范围，是南极底层水生成的主要水域。因此，这个区域气候变化，根据氧与氢的同位素比率，得出南极冰芯温度，再现了 45 万年来地球气候的变化(图 2-28)。从图中可以明显看出约 10 万年的周期。当然，周期并不是严格的 10 万年，而是在 8 万～12 万年之间变化，是“准”10 万年。

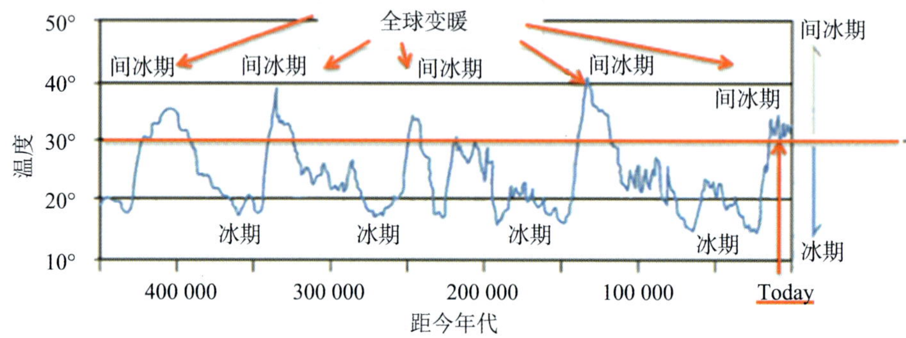

图 2-28　45 万年以来东南极冰芯温度出现的 5 个冰期—间冰期周期(Sime et al., 2009)

2. 东太平洋 ODP677 钻孔 $\delta^{18}O$ 显示的 4 万年周期

深海沉积物与其他的替代性指标相比，因其受到的人类影响较小，连续的沉积剖面能够在百万年时间尺度上记录丰富的气候变化信息，对于理解全球古气候变化规律和内在机制具有重要研究价值，随着科学大洋钻探计划的持续实施，作为独特的代用指标，深海沉积物的相关研究成果已经成为其他指标进行对比分析的经典，在古气候研究方面的应用具有重要意义。由于深海沉积物较难进行直接观察，因此自 20 世纪 70 年代“格罗玛·挑战者”号环球考察开始，人们才第一次对深海沉积物进行了综合研究。可以毫不夸张地说，对深海沉积物的研究使得人们对第四纪的整个观点都得以更新。这是因为陆地上的大多数证据都被风化和侵蚀作用(在中高纬度地区则是冰川的侵蚀作用)破坏掉了。但是，深海的某些地方沉积物的集聚在成千上亿年的时间里不受任何扰动，因此它们可以代表第四纪完整的时间跨度。

东太平洋 ODP677 站位样品 $\delta^{18}O$ 同位素分析结果显示，整个时间域中存在着 4 万年周期以及准 10 万年周期，而 2.3 万年周期在整个时间域中都很弱(图 2-29)。具体来说，从第三纪初(距今 6 500 万年起)～距今 325 万年这一时段，是北半球温暖时期，温度变化周期不明显；距今 325 万～300 万年这一时段，温度变化明显，有 4 万年周期出现；到了第四纪(距今 260 万年起)的距今 125 万年附近，北半球冰期变化周期约为 4 万年；距今 125 万～75 万年这一时段，北半球冰期变化周期由 4 万年向 10 万年过渡；距今 75 万年之后转变为 10 万年。

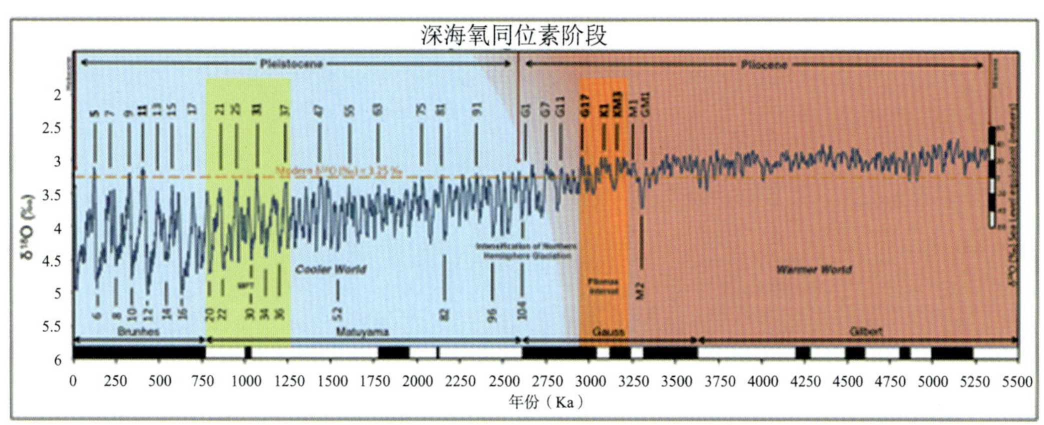

图 2-29　赤道东太平洋 ODP677 钻孔岩芯 $\delta^{18}O$ 同位素变化曲线(Raymo et al., 2018)

3. 西太平洋 MD06-3047 钻孔中更新世以来表层水温变化

MD06-3047 钻孔位于吕宋岛以东，坐标(17°00.44′N，124°47.93′E)，水深 2 510 m，是无浊流干扰的高分辨率沉积剖面。

图 2-30 为利用浮游有孔虫表层水种 *Gs. ruber* 和次表层水种 *P. obliquiloculata* 的壳体 Mg/Ca 比值恢复的表层和次表层(次表层水是在大洋表层之下，以盐跃层为界形成的水团，厚度一般为 200～300 m)海水温度——SST 和 s-SST。MD06-3047 孔的表层海水温度(SST)最低 22.6℃，最高 31.1℃，次表层水温(s-SST)最低 15.7℃，最高 21.4℃。表层和次表层海水温度整体变化趋势基本一致，但是表层水温的变化幅度要明显大于次表层水。两者均存在最为明显的 10 万年偏心率周期、明显的 4.1 万年斜率周期和 2.3 万年岁差周期，表层水温存在极为明显的 1.3 万年半岁差周期，但是此周期在次表层水温上功率要比表层水小得多。这说明全球冰量变化和低纬度太阳辐射对于该孔的上层海水温度变化都存在明显影响，但相对而言，表层水温对低纬过程更加敏感，表现为其强烈的半岁差周期。半岁差周期代表着热带辐聚带(ITCZ)每年经过该海区两次，气候主要对太阳辐射量的最大值产生响应，其中，竖直阴影条带和数字标示出间冰期。在 70 万年的时序中，实际出现 8 次大间冰期和 7 次冰期，与图中标示稍有不同，因为在间冰期 1 和间冰期 3 划分有些勉强。如果从次表层分析，显然间冰期 3 很难成立。

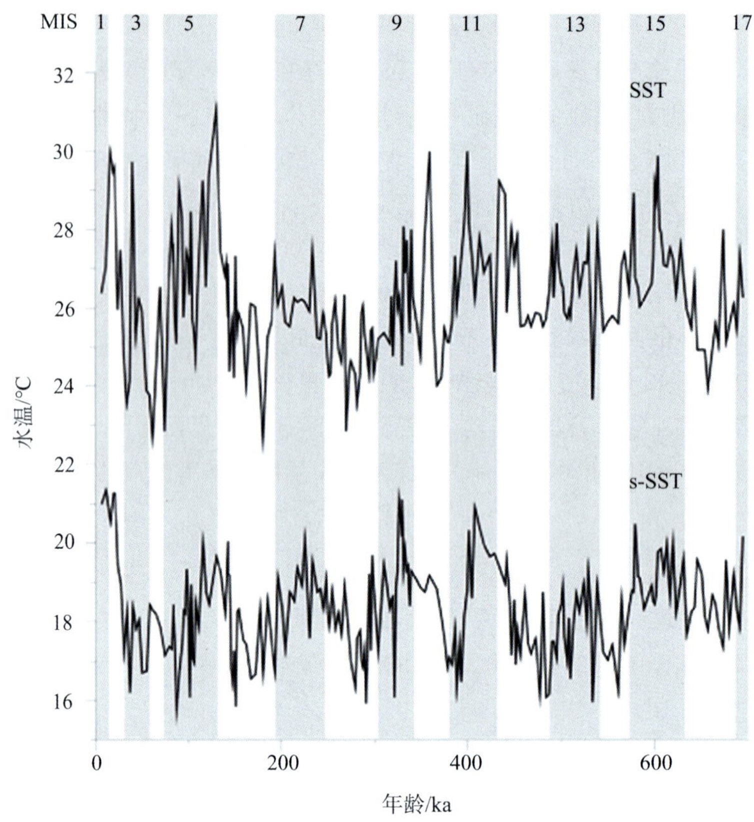

图 2-30 MD06-3047 孔 70 万年以来表层、次表层海水温度变化(唐正,2010)

4. 北大西洋 U1313 钻孔的有孔虫 $\delta^{18}O$ 也显示同样规律

北大西洋对全球变化极其敏感,被认为是全球气候变化的源头和驱动器。对 U1313 钻孔(约 41°N,32°W)的沉积物样品进行了浮游有孔虫壳体的氧、碳同位素组成进行分析,得出 360 万年以来的 $\delta^{18}O$ 变化曲线。从图 2-31 中可以看出,与赤道东太平洋 ODP677 站位样品 $\delta^{18}O$ 同位素具有相同变化尺度:大约 90 万年前,北大西洋冰期变化周期为 4 万年,80 万年之后转变为 10 万年。

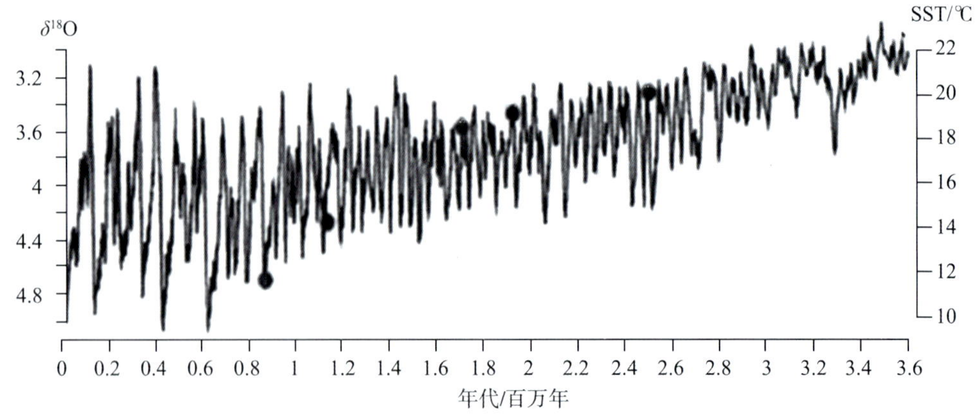

图 2-31 北大西洋 U1313 钻孔的有孔虫 $\delta^{18}O$ 变化曲线(郭志勇,2012)

20 世纪 60 年代，Kerr(1978)对亚热带地区的珊瑚礁进行研究，发现在距今 8 万年、10.5 万年和 12.5 万年时期，温度上升并导致冰川消融，气候存在 2 万年和 2.5 万年的旋回周期。Hays 等(1976)经过对时间记录长达 45 万年的深海岩芯研究，发现了 2.3 万年、4.2 万年和 10 万年周期的气候变化；并认为，在过去的 35 万年里，这些周期一般来说都与适当的轨道周期步调一致。至此，越来越多的证据支持米氏理论，地球轨道变化影响气候的观点开始被接受。在 1987 年，Martinson 等人根据氧同位素记录建立了 30 万年时长的氧同位素地层年表，这已经成为全球晚第四纪氧同位素记录的标准曲线。目前的研究都认为第四纪冰期—间冰期的旋回是由该时期的地球轨道变化引起全球接受太阳辐射量变化导致的。

2.4　成也萧何败也萧何——米氏理论受到质疑

深海沉积研究验证了米兰科维奇理论，米兰科维奇的轨道理论被大多数学者奉为经典；但是，深海沉积也获得了许多米兰科维奇理论无法解释的新的不可辩驳的证据。

近些年来，随着科学技术的突飞猛进，地质样品定年精度得以不断提高，科学家们从多种途径不断获得大量高分辨率的气候记录，这些越来越多的高分辨率气候记录的研究结果，逐渐证明米兰科维奇的轨道理论存在一定的局限性。

2.4.1　机理的质疑

1. 谱能不匹配

在 10 万年谱带中，日射量信号的幅度只有 2 W/m 左右，比其他两个谱带小 1 个数量级，但在地球气候系统的响应上却又远强于其他两个谱带。对此，很难找到一种在物理上似乎合理的解释。从位相上来说，10 万年谱带的气候响应远远滞后于日射量。简言之，米氏理论在解释 10 万年旋回上所遇到的主要困难是：幅度过小，位相过于超前。

2. 机理不清楚

地球轨道偏心率并不只在 10 万年附近变化，实际上，它在 41.3 万年处也具有相同的变化量级。到目前为止，在米氏理论的绝大多数研究中，采用的基本上是以下两种方法，即相关性分析和功率谱分析。相关性分析是气候和气象学领域中最常用的资料分析方法之一，它在揭示不同变量之间的相对位相关系(相对变化趋势)上，显示出强大的功能；而功率谱分析，则有助于揭示变量的不同周期的相对重要性，提示可能存在的因果联系。但是，这两种方法存在的一个致命弱点是，对于变量(如过去 42 万年的日射量与气温距平)之间的因果联系，除了提供某种有益的启示外，基本上无法回答其物理机制。

2.4.2 规律的质疑

1. H 事件频繁发生

通过对北大西洋的深海沉积物的深入研究，发现温度有 5 000～10 000 年快速变化的周期。将这些短期气候突发事件命名为 Heinrich 事件(简称 H 事件)。随着研究的不断深入，不仅在北大西洋及其邻区发现了多个 H 事件，后来在全球范围都有发现，如太平洋的加利福尼亚海岸外、冲绳海槽、南海和印度洋的阿拉伯海等的深海沉积，都发现相似的 H 事件。这充分说明了它的全球性。

2. D-O 事件也令人费解

在格陵兰冰盖钻取的两根长冰芯，经实验分析结果表明，末次冰期和冰消期期间，格陵兰地区曾出现一系列非常清楚的相对暖、冷阶段和快速、大幅度气温变化。由于早先极地冰芯古气候研究的先驱者，丹麦哥本哈根大学的 Dansgaard 教授和瑞士伯尔尼大学的 Oeschger 教授，早就发现过这些快速变化现象，人们将其称为 Dansgaard-Oeschger 事件(简称 D-O 事件)。

在冰期里，D-O 事件表现为一系列温暖事件。每一次暖事件持续几百年到数千年，开始都很突然，在几年到几十年内气温可以上升 6～8℃，但返回到寒冷状态则相对较缓慢。这类百年级、千年级的气候突变被称为“亚轨道”或者“亚米兰科维奇”事件，和米氏 10 万年、4 万年、2 万年级的长周期相比，显然不是同一量级。与连续地太阳辐射量变化没有什么线性关系，用地球轨道理论无法加以解释。

3. 冷暖变化全球步调不一

研究表明，气候变化不同纬度存在明显差异，低纬度地区的气候变化并不是完全受到北半球冰盖扩张和收缩变化的控制；其次，在最近几次冰消期，北半球冰盖融化的时间和南半球以及低纬度地区的温度升高并不同步，表明北半球高纬度夏季太阳辐射并不是冰消期的触发机制。

当今，面对全球气候变暖，主流意见认为工业革命以来，大量 CO_2 排放是气温升高的罪魁祸首。但是，也有不少学者认为，此种说法有些牵强附会，若如此，如何解释 D-O 事件？谁也不能确切地说出目前的间冰期何时结束，下一个冰期何时到来；甚至也不能确定 19 世纪中期以来的全球变暖趋势，是小冰期之后气候回返的延续呢，还是工业化造成的温室效应的影响；更不能预报何时将会发生像崇祯十三年(1640 年)、光绪三年(1877 年)、民国十八年(1929 年)和 1959 年前后那样延续数年的特大旱灾。因为应用那些周期性规律预测未来气候变化时，人们会意识到气候变化中不连续性、跳跃性、随机性出现的突变。

尽管现在对 H 现象、D-O 事件产生机制尚不清楚，但是，研究这些短周期事件对于人类生存环境的预测具有更加重要的意义。

2.4.3 新仙女木事件颠覆了人们的认知

1. 半路杀出“程咬金”——新仙女木事件

正当末次冰期消融、急剧升温过程中，在格陵兰及北大西洋地区距今 1.29 万～1.16 万年前突然发生了一次极端寒冷事件（图 2-32）。

由于在古冰芯中发现大量高寒地带苔原植物仙女木的孢粉，故称为“仙女木”事件。又由于它是末次冰期的最后变冷事件，所以又称“新仙女木事件”（Younger Dryas，YD 事件）。

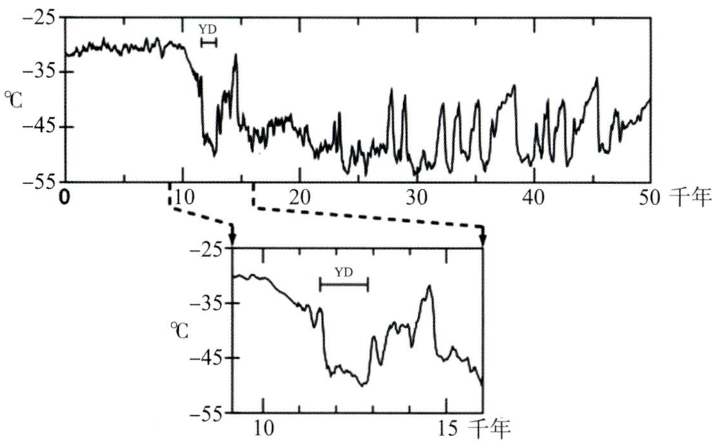

图 2-32 格陵兰 GISP2 冰芯记录的 YD 事件及其前后变冷事件（Stuiver et al.，2000）

2. 仙女木

仙女木是在高寒地带生长的植物（图 2-33），北极地区很常见。

图 2-33 仙女木

后来在北太平洋、亚洲、北美、热带地区甚至南半球地区均有发现，由于它是不可能出现在湿热的地方的，所以科学家们就认为，当时地球曾经有过广泛的寒冷天气，甚至都冷到赤道附近了。YD 事件被认为是一次全球性的气候变化事件。

3. 仙女木事件基本特征

（1）气温大幅度下降

格陵兰冰芯圈闭的氮气同位素研究表明，在 YD 事件期间当地气温比现在气温下降 15±3℃。YD 事件的持续时间大约为 1 300 年，其建立和结束是极为迅速的，仅在 5～20 年的时间内就完成了。

（2）全球性

青藏高原古里雅冰芯记录揭示出，在 YD 事件时期内气候也存在着急剧的变化，南美热带冰芯研究也表明 YD 事件的存在。新西兰冰川在 YD 事件时期也曾向前发展。而对于取自南极边缘的冰芯的研究，发现在北半球 YD 事件发生时也表现出一个弱的冷期。这似乎表明 YD 事件信号从北半球到南半球的衰弱。新仙女木事件在西北太平洋的各大陆边缘海中普遍被发现，东亚季风区等也发现该事件的高分辨率沉积记录。经研究发现，虽然各地区沉积物所记录的新仙女木气候事件在大尺度上与欧洲和格陵兰基本保持一致，但在变化的尺度上，又受到各地区地理位置和区域气候的影响而具有各自的特征（图 2-34）。在日本海，末次盛冰期时发育了纹层状粘土层，反映了在低海平面时，日本海基本与外界海域隔绝，表层海水的淡化使底层水流停滞，证明在日本海具有响应新仙女木事件的沉积记录。通过实验结果表明新仙女木事件期间有碳酸盐碎屑沉积，反映了 H 事件与新仙女木事件也具有一定的联系。

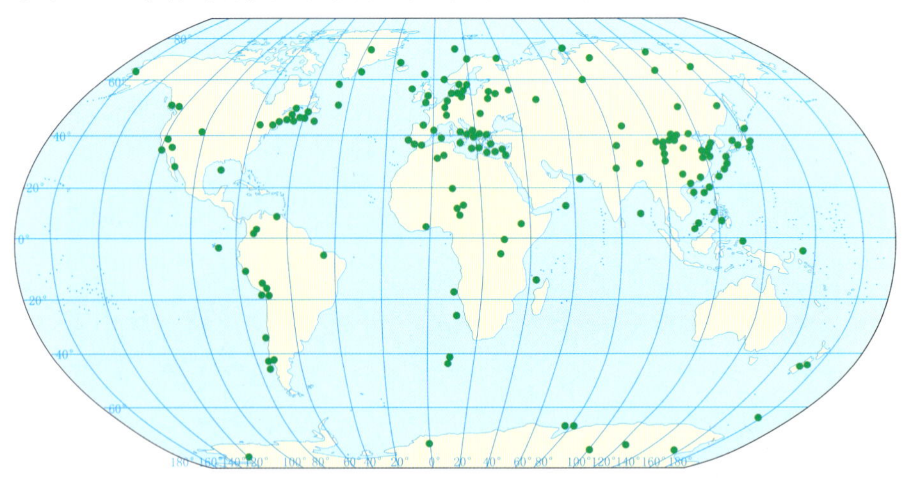

图 2-34　全球发生 YD 事件的地方

（3）气候变化

大气环流特征、水汽传输模式等发生剧变，大气粉尘浓度突增并呈“闪烁式”变化，其他大气组分也呈现显著高频振荡。在受夏季风影响较为明显的东亚季风气候区，降水量多少对降水 ^{18}O 值影响较大，同时也对区域石笋 ^{18}O 值产生影响。在典型季风气候区，夏季风强弱对于降水量变化影响显著。

福建仙云洞 XYIV-14 石笋 $\delta^{18}O$ 记录的季风演变与北高纬气候存在紧密耦合关系（图 2-35），明确了北大西洋经向翻转流对 YD 事件的主导性影响；同时在 YD 事件期间百年尺度的季风演变上，东亚季风区石笋记录与北高纬记录又存在某些差异性，这说明亚洲季风可能受到北大西洋气候系统以外因素的影响，传统的北大西洋温盐环流驱动学说似乎难以解释季风记录中的缓变趋势。

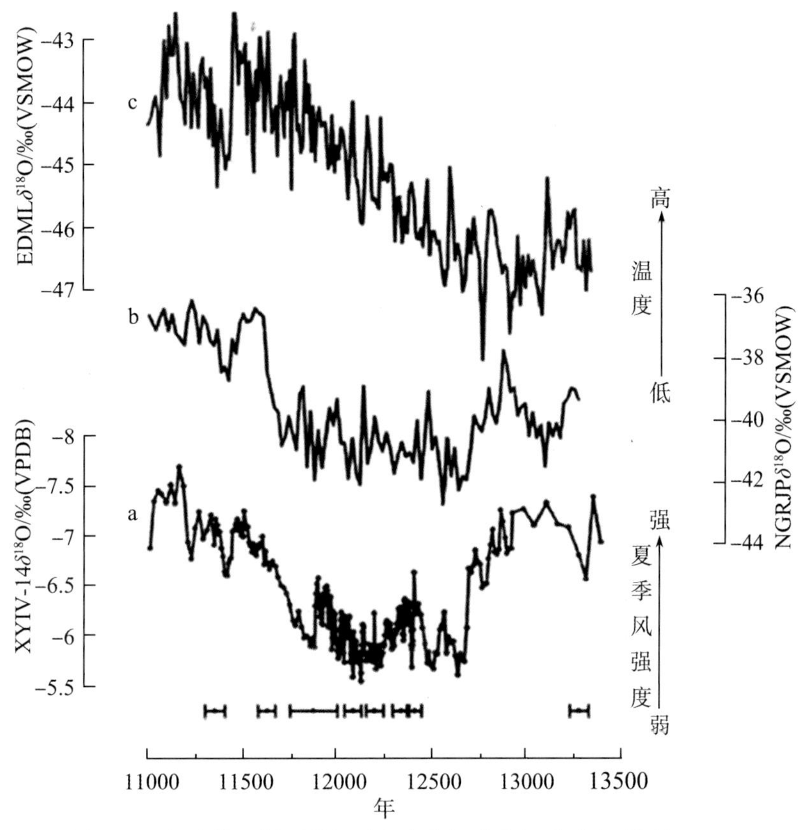

图 2-35 福建仙云洞石笋记录与南北极冰芯记录对比（洪晖，2017）

(a) 仙云洞 XYIV-14 石笋 $\delta^{18}O$ 记录；(b) 格陵兰 NGRJP 冰芯 $\delta^{18}O$ 记录；(c) 南极 EDML 冰芯 $\delta^{18}O$ 记录

（4）海洋变化

① 冲绳海槽沉积物

冲绳海槽是东海从冰期到全新世有连续沉积记录的唯一海区。冲绳海槽南部的 255 号柱状样（25°12′N，123°6′E，水深 1 575 m）提供了无浊流干扰的高分辨率沉积剖面。图 2-36 中，(a) 图为浮游有孔虫 *G. Sacculifer* 的氧同位素曲线；(b) 图为底栖有孔虫 *CibicidesWuellerstorfi* 的氧同位素曲线；(c) 图为根据转换函数 FP-12E 求得的古温度曲线（左冬季，右夏季）。从中可以明显地看出 YD 事件，但不见于底栖有孔虫同位素曲线。

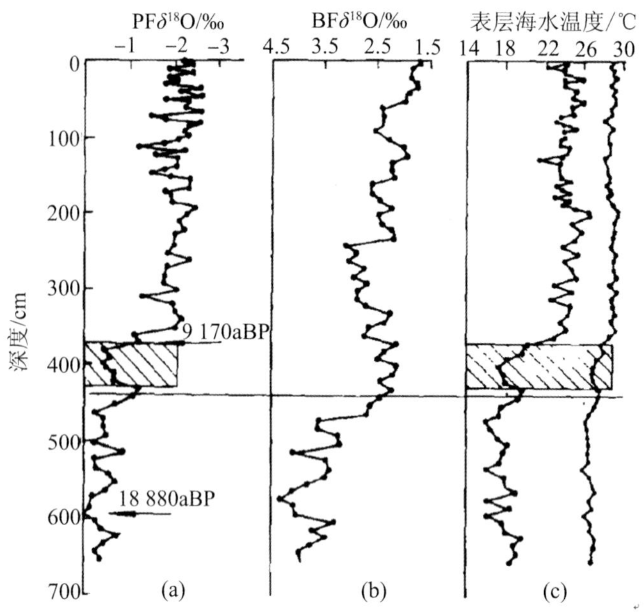

图 2-36　冲绳海槽 255 号柱状样的同位素微体古生物分析结果（汪品先等，1996）

② 东沙群岛东面钻孔 17940（20.12°N，117.38°E）

利用浮游有孔虫表层水种 *Gs. ruber* 壳体的 δ^{18}O 和次表层水种 *P. obliquiloculata* 的含量百分比，求得历史时期海水温度（图 2-37）。从已有资料来看，中国海区末次冰期以来 *P. obliquiloculata* 含量变化模式：以南海北部和冲绳海槽为代表，呈现冰期低、间冰期高的特征，从末次冰期接近于零向冰后期逐渐增加，于早全新世达到含量最高值，在晚全新世 4 300～2 800 cal yr BP 存在明显的 *P. obliquiloculata* 含量低值。

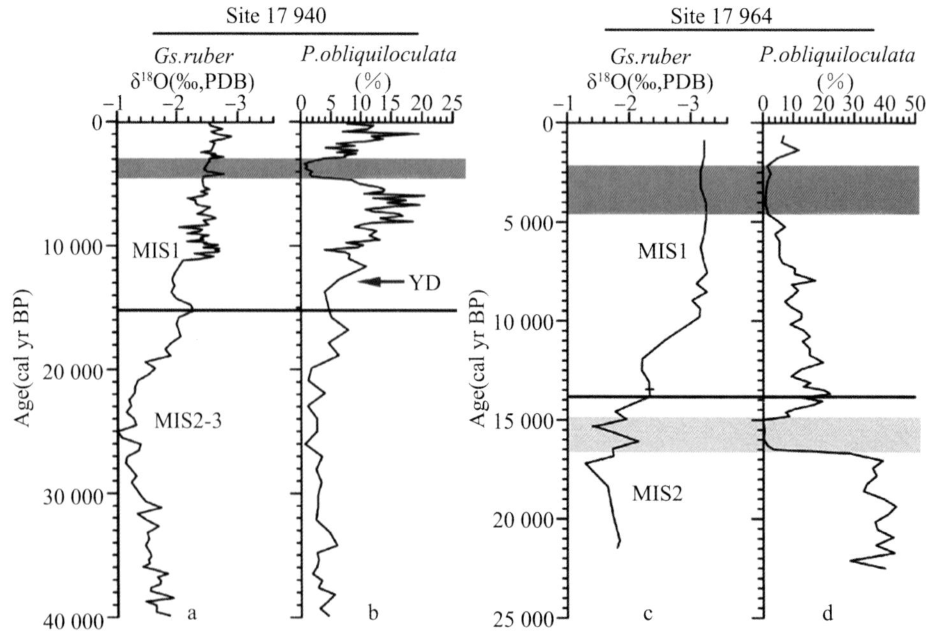

图 2-37　南海北部代表性站位（20.12°N，117.38°E）中末次冰期以来 *P. obliquiloculata* 含量变化（李保华，王小燕，2009）MIS（海洋同位素阶段）

（5）生命演替

由于 YD 事件发生时正值全球普遍降温，如此大幅气温下降，导致地表环境突变，但其开始和结束都非常突然，不超过几十年甚至几年。这次冰期对当时地球上的动植物和人类文明的进程都产生了巨大的影响（史前人类族群数量大幅度减少），甚至使北美石器时代文化遭到毁坏，美洲的绝大部分体型较大的动物也在这一事件中灭绝，包括猛犸象、巨型河狸、短面熊、骆驼和马等。

在北京发现当时是有大熊猫的，但从那以后大熊猫只存活在四川境内了。

大约 1.8 万年前，也就是新仙女木事件之前的那一次冰河期，克劳维斯人来到美洲。他们运气真不错，冰河期都不用船，走着就能跨过白令海峡到达美洲。

更幸运的是，他们刚刚跨过白令海峡几百年，地球变暖了，海水重新淹没了几十公里宽的白令海峡，外面的人再想过来不可能了。占地球陆地一半面积的美洲就归这群克劳维斯人独享了。

中国部分地区大约在公元前 10000 年进入新石器时代。一万年之始，山顶洞人走出冰期避寒时的山洞或岩洞，开始走到平原始创农业文明（图 2-38）。人类从食物的采集者转变为食物的生产者。获得食物方式的这一转变，改变了人与自然的关系——从较多地依靠、适应自然转为利用、改造自然。在农业生产的基础上，人们开始对日月星辰的活动、水土的特点、气候现象进行观察，积累经验，从而产生初步的天文地理和数学知识，把对客观世界的认识推到一个新的高度。

图 2-38　农业文明

参考文献

[1] 高少华，赵红格，鱼磊，等. 锆石 U-Pb 同位素定年的原理、方法及应用[J]. 江西科学，2013，31(3)：363－368，408.

[2] 郭桂红，韩锋. 地质定年方法综述与地球物理定年[J]. 地球物理学进展，2007(2)：87－94.

[3] 剪知湣. 南海南部陆坡末次冰期以来的古水温及其与北部陆坡的比较[M/OL]. 青岛：青岛海洋大学出版社，1992，78－87.

[4] 李蕤，宋维山. 碳-14 与考古[J]. 计算机在化学中应用，2003，1：63.

[5] 宋馥杉，张齐兵. 关于古树档案信息收集的建议[J]. 古树名木，2019，3：39

—41.

[6] 汤懋苍,高晓清. 银河旋臂,地核环流与地球大冰期[J]. 地学前缘,1997,4:169—177.

[7] 唐正. 西太平洋暖池区中更新世以来古海洋学研究[D]. 青岛:中国科学院海洋研究所,2010.

[8] 汪品先,卞云华,李保华,黄奇瑜. 西太平洋边缘海的"新仙女木"事件[J]. 中国科学,1996,26(5):453—460.

[9] 王攀,张培新,杨振京,石迎春,宋超,郭娇. 靖边黄土剖面记录的末次冰期以来的气候变化[J]. 海洋地质与第四纪地质,2019,39(3):162—169.

[10] 张煌. 银河系自转与地球冰期变化的关系初探[J]. 福建地理,2004,19(2):35—38.

[11] Anand P, Elderfield H, Conte M H. Calibration of Mg/Ca thermometry in planktonic foraminifera from a sediment trap time series. Paleoceanography, 2003, 18(2): 1050.

[12] Duplessy J C, Leybeyrie L, Juillet — Leclerc A, et al. Surface salinity recodtruction of the North Atlantic Ocean during the last glacial maximum. Oceanologic Acta. 1991,14:311—324.

[13] Grabill D A, Shiyatov S G. A 1009 year tree—ring reconstruction of mean June—July temperature deviations in the Polar Urals[M]. In:Tree—Ring Bulletin, 1997, Special Issue(Reprinted from Nobel R D, Martin J L and Jensen K F. Symposium on air pollution effects of vegetation. USDA forest service, northwestern forest experiment station), 1989, 37—42.

[14] Gramlich L J. A 1000 year record of temperature and precipitation in Sierra Nevada[J]. Quaternary Research, 1993, 39: 249—255.

[15] Mann M E, Bradley R. Hughes M. NH temperatures during the past millennium: Inferences, uncertainties and limitations [J]. Geophysical Research Letters,1999,26: 759—762.

[16] Raymo M E,Kozdon R,Evans D,et al. The accuracy of mid-Pliocene δ^{18}O-based ice volume and sea level reconstructions [J]. Earth-Science Reviews,2018,177: 291—302.

[17] Schorz C A, Cohen A S, Johnson T C, et al. Scientific drilling in the Grant Rift Valley: the 2005 Lake Malawi Scientific Drilling Project: an overview of the past 145000 years of climate variability in Southern Hemisphere, East Africa [J]. Palaeography, Palaeoclimatology, Palaeoecology, 2011, 303:3—19.

[18] Shen J. Progress and prospect of palaeolimnology research in China. Journal of Lake Science, 2009, 21(3): 307—313.

[19] Tom Garrison, Robert Ellis. Oceanography[M]. Cengage Learning, 2016.

第3章 天文假说面临窘境 其他学说渐次登场

3.1 地学假说

3.1.1 小行星撞击假说

在地球演化的漫长历史中，小行星撞击地球是诱发地球气候环境灾变、生态系统完全崩溃和地球生物物种大灭绝的元凶。小行星撞击地球诱发的巨大劫难，影响地球上全部生物物种和人类社会的持续发展，也是人类命运共同体如何能够有序健康发展的一个重大科学问题。

太阳系中的小行星主要分布在火星与木星轨道之间的小行星带和海王星外的柯伊伯带（图 3-1）。

图 3-1 太阳系中的小行星带和柯伊伯带（欧阳自远，2019）

根据最近的观测与统计，地球附近的近地小行星约有 18 000 个，其中直径大于 1 km 的近地小行星约 800 个，直径大于 140 m 的近地小行星约 8 000 个。小行星运行速度约为 45 km/s，地球围绕太阳公转的速度是 30 km/s 左右，假如正面相撞，相对速度可能达到 75 km/s，即使小行星从后面“追”上地球，速度也可达 15 km/s。

一个直径 1 km 左右的小行星撞击地球，大概可以形成直径 15 km 的撞击坑。小行星高速冲进地球大气层，压缩前端的大气层分子，形成强大的高温高压冲击波，冲击波撞击地面，诱发强烈的地震和海啸，引发森林大火，使撞击的“着弹点”处岩石气化、熔融、破碎和溅射，产生各种气体、尘埃。这些气体和尘埃与森林燃烧的灰烬弥漫着整个大气层，遮住阳光，使整年平均温度下降几摄氏度。

地球表面保存着 180 个由小行星撞击形成的巨大的撞击坑，分布在 33 个国家(图 3-2)。其实，实际的撞击数目远远高于这个统计数字，这是因为：地球 71%的表面积被海水覆盖，海水掩盖了海底的撞击坑；地球内力作用产生的板块运动、火山爆发、地震活动及其引发的海啸，破坏和摧毁了一些撞击坑；地球外力的搬运、沉积等作用掩埋了一些撞击坑，使地球表面残留的撞击坑非常稀少。即使如此，可数的仍然有 180 个。

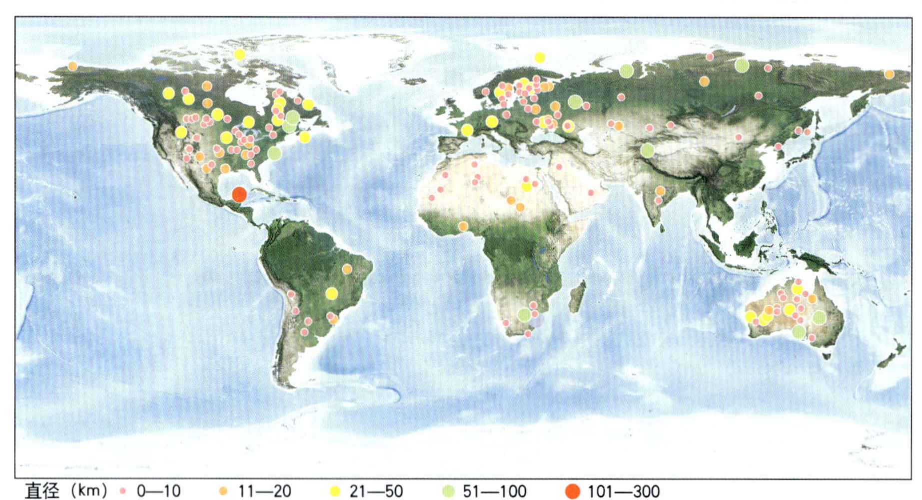

图 3-2 地球上发现的 180 个小行星撞击坑分布(欧阳自远，2019)

在地球演化的历程中，每一个撞击坑的形成，小行星都曾扮演过诱发地球气候环境灾变、摧毁地球生态系统的肇事者。

例如，12 800 年前，突如其来的新仙女木事件，将地球上的绝大部分地区掩入了一段气候严寒而又干旱的时期。一个国际科学家团队分析了原有的及新发现的证据，他们得出结论认定，彗星或者小行星造成的一场天体撞击事件，是能够解释新仙女木时期开始时所有异常现象的唯一可靠假说。

这些研究者来自 6 个国家的 21 所大学，他们相信揭开新仙女木大严寒之谜的关键，就存在于纳米级别的微钻石之中。这些微钻石散布于欧洲、北美洲和南美洲的部分地区——这一占地达到 5×10^7 km^2 的区域，被称为新仙女木边界(YDB)地区。

微观纳米级钻石、熔融的玻璃、碳球粒和其他高温形成的物质，在 YDB 地区距地表仅有数米的薄薄地层中大量存在。由于这些物质形成于温度超过 2 200℃的高温环境，又存在于距离地表如此之近的地层中，科学家认为："除了外层空间的力量，没有其他理由能够解释这些钻石的出现。"这次彗星撞击地球，类似于大约 6 500 万年前令恐龙灭绝的彗星撞击。

果然，2018 年 11 月，研究人员在格陵兰岛厚厚的冰盖下发现一个直径达 30 km 的陨石坑，周围零零散散分布着陨石颗粒。分析结果显示，这一陨石坑中沉积着大量的金属颗粒，铂的丰度极高，与此前全球 28 个地区的探测结果（富含铂）相一致。而金属铂在地球属于稀有金属，往往富含于星际陨石之中。这表明，在大约 12 800 年前地球极有可能遭受到了陨石的撞击，这一撞显然影响了整个世界。

3.1.2 火山爆发

到达地表的太阳辐射的强弱要受大气透明度的影响。火山活动对大气透明度的影响最大，强火山爆发喷出的火山尘和硫酸气溶胶能喷入平流层，由于不会受雨水冲刷降落，它们能强烈地反射和散射太阳辐射，削弱到达地面的直接辐射。

1. 造成 1816 年"无夏之年"的罪魁祸首是印尼坦博拉火山爆发

有人认为，造成 1816 年寒冷现象的最直接原因是 1815 年坦博拉（Tambora）(8.25°S，118.0°E）火山喷发。1815 年 4 月 5 日，沉睡了五千年的印尼松巴哇岛火山岩浆喷薄而出，爆发时，500 km^3 范围内有三天不见天日，各方面估计喷出的固体物质可达 100～300 km^3。

五天之后火山再次爆发，随后断断续续持续百余天。这是有史以来有文字记载的伤亡程度最为惨重的一次火山灾难，遇难人数总计 11.7 万。当烟雾消散以后，坦博拉火山已"喷掉了山顶"，其高度从 4 100 m 锐减到 2 850 m。喷出的火山灰在地球大气圈中形成一个层面，它"一手遮天"，将太阳释放的光和热给挡在了地球外面，导致了低温天气。

大量浓烟云长期绕平流层漂浮，太阳辐射显著减弱，欧美各国在 1816 年普遍出现了"无夏之年"。据估计，当年整个北半球中纬度气温平均比常年偏低 1℃左右。在英格兰，夏季气温偏低 3℃；在加拿大，6 月即开始下雪。我国受影响也非常明显：1817 年 6 月 29 日，赣北彭泽见雪，木棉多冻伤；皖南东至县，同年 7 月 2 日降雨雪。这说明"六月雪"是确有其事的，它们绝大多数出现在火山爆发后的两年间。

2. 皮纳图博火山爆发导致了地球进入两年的火山冬天

皮纳图博火山（Pinatubo）位于菲律宾吕宋岛，东经 120.35°，北纬 15.13°，海拔 1 486 m。

1991 年 6 月 15 日皮纳图博火山的爆炸式大喷发是 20 世纪世界上最大的火山喷发之一（图 3-3），喷出了大量火山灰和火山碎屑流。火山喷发使山峰的高度大约降低了 300 m，并向平流层中喷射了 2×10^7 t 二氧化硫，进入平流层的二氧化硫减少了地球上

10%的阳光，结果导致了地球进入了两年的火山冬天。

图 3-3　皮纳图博火山

据分析，火山尘在高空停留的时间一般只有几个月，而硫酸气溶胶则可形成火山云在平流层飘浮数年，能长时间对地面产生净冷却效应。

3.1.3　构造运动的影响

漂移的大陆，就是一幅不断变化的地球拼图。构造运动造成陆地升降、陆块位移、视极移动，改变了海陆分布和环流形式，可使地球变冷。云量、蒸发和冰雪反射的反馈作用，进一步使地球变冷，促使冰期来临。地球历史上的造山运动与冰期几乎同步。另外，高大的喜马拉雅山脉，阻止海洋季风进入亚洲中部，因此使在第三纪气候很湿润的新疆、内蒙古，现在变得干旱和寒冷。

当然，陆块移动不是朝发夕至的事情，而是以亿年为计算单位。例如，科伦坡现在位于7°N，而在石炭纪(2.8 亿～3.6 亿年前)则位于 82°S；再如斯匹次卑尔根，现在位于79°N，而在石炭纪则位于 24°N。

原来，2 亿多年前，欧亚大陆、北美洲、南美洲、非洲、印度、南极洲和大洋洲是连在一起的，形成一个盘古大陆(图 3-4)，后来，它们发生撕裂性运动，使原始大陆碎成若干块，就像冰块浮在水面上那样，逐渐漂移开来。

图 3-4　盘古大陆

这个解体经历了三个阶段。

① 沿着北美东岸、非洲西北岸和大西洋中央的岩浆活动，将北美洲向西北方推移开来。

② 在南美洲与北美洲互相远离的同时，墨西哥湾开始形成。

③ 就在同一个时刻，位于另一边的非洲，由于东非、南极洲和马达加斯加边界的火山喷发，使陆块向不同方向运动，西印度洋得以形成(图 3-5)。

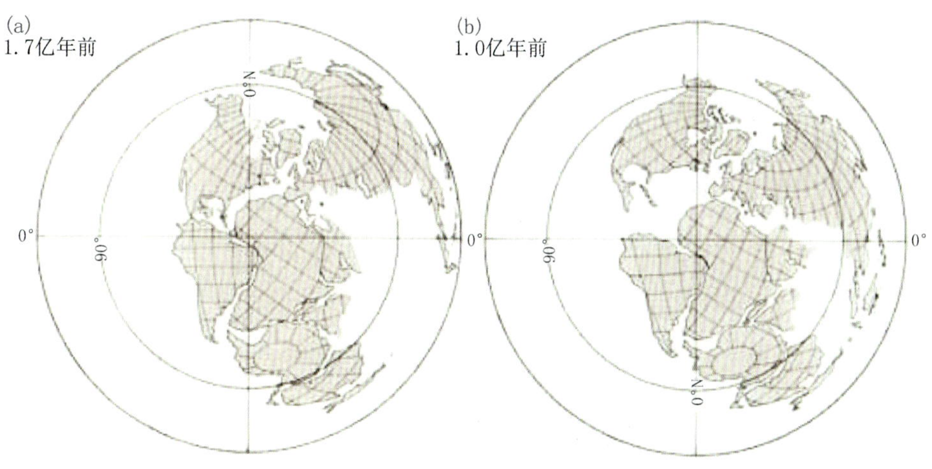

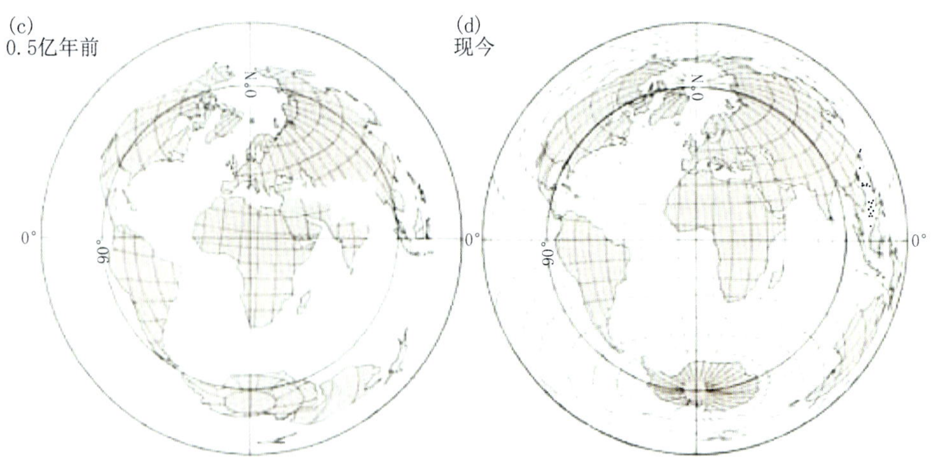

图 3-5　大陆分离进程

3.2　物理假说

3.2.1　大洋温盐环流，一度被认为是突变气候的主要驱动因子

1. 海流是海洋中最大的“河”

海流，是指海水中大规模、相对稳定的流动(图 3-6)，是海水重要的普遍的运动形式之一。

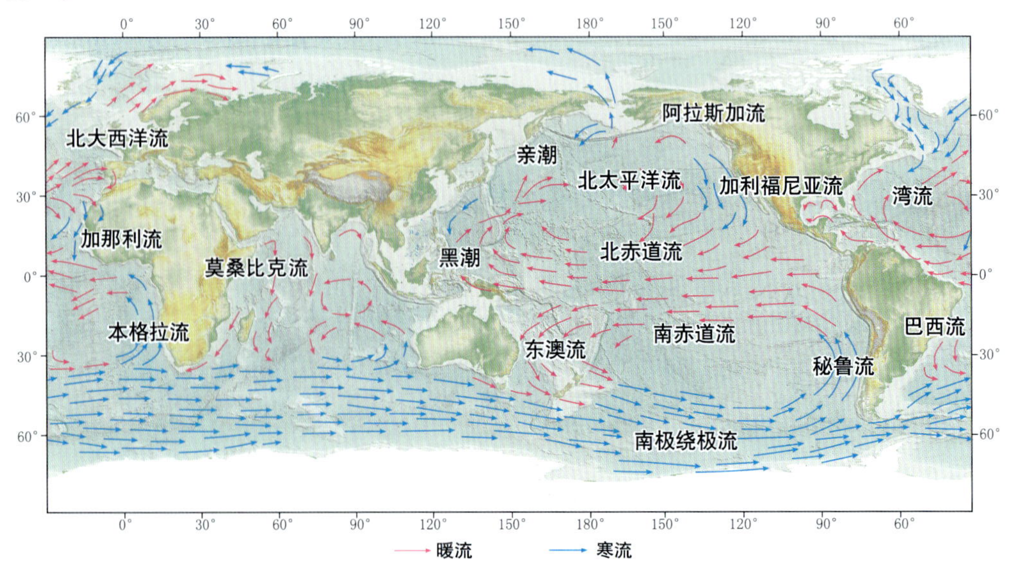

图 3-6　世界大洋表层海流

有人形象地把海流比喻为世界海洋中最大的河，有的宽数千千米，有的流量比密西西比河泛滥时还大 1 000 倍（表 3-1），相比之下世界流量第一的亚马孙河就成了一条小沟。海流的能量大得惊人，相比之下氢弹就成了玩具。海流静静地在海中流淌，没有人欣赏它的美，没有人为它写赞歌。

浩大的海流又是地球的循环系统，对陆地生活的重要性，就像血液对于人一样，巨大的气流在天空中形成天气，巨大的海流则形成不同的海洋气候。根据计算，如果全世界只有陆地，太阳辐射只要增加 1%，就能把气温升高 3℃，再增强一点，所有生物都会热死。如果没有海流，北冰洋将成为冰的实体；英国的冬天就是一片冰天雪地；旧金山的雾、挪威的不冻港、秘鲁和西非的习习凉风都是拜海流所赐。

浩大的海流像巨犁般在海中耕耘，有的海流把丰富的矿物质、营养盐从海底翻起，于是海生植物获得营养，从而供世界上的鱼类生存。世界上的鱼类，包括每年不可或缺的 7 000 万吨食用鱼在内，都与海流有关。许多渔业发达的国家，如挪威、葡萄牙，大部分都靠海流生存。海流像运输带，将生物在地球 70%的表面上自由输运。海流能把西印度洋群岛的海豆送到数千里外的欧洲沙滩；椰子原产地是马来西亚，椰子落到海里被海流送到南大洋各地，使几千个海岸边都有了椰树。轮船公司也需要海流资料。一艘由美国得克萨斯州驶往新英格兰的中型油船，如果用墨西哥湾流推动，可节约 10 000 美元的燃料；从澳大利亚装铁矿石和煤到美洲的运输船，如果妥善利用海流，节约的钱可达天文数字。更为奇妙的是海流还可以发电。

海流一般是三维的，即不仅有水平方向流动，而且在铅直方向上也有流动。不过水平方向流动远比铅直方向流动强得多。尽管铅直方向的流动相对微弱，但它在海洋学中却有特殊重要性。

海流把整个世界大洋联系在一起，使整个世界大洋生机勃勃，得以保持其各种水文、化学要素的长期相对稳定。

表 3-1　世界大洋几个典型海流的规模

名字	海流宽度（km）	影响深度（m）	流经距离（10^3 km）	典型流速（m. s^{-1}）	流量（10^6 m^3 · s^{-1}）
黑潮	125～170	500～1 000	6	1.0～2.0	42～65
湾流	100～150	700～800	3.7	2.5	60～150
南极绕极流	2 500	数千	20	0.5～1.0	100～150

注：世界流量第一的亚马孙河流量为 0.209 3×10^6 m^3 · s^{-1}

2. 海流是世界文明推动者

我国航海史学家房仲甫著文说：“尽管重洋环绕，古代美洲并非与世隔绝。秘鲁山洞里的一尊奇特的裸体美洲女神铜像，向人们展示 3 世纪时中国同美洲之间已有联系：她双手（右臂残）提着铜牌，两铜牌各铸‘武当山’3 个汉字，字体近似南北朝的八分书。近来在墨西哥发现的一方‘大齐田人之墓’的墓碑，据认为是战国或秦末从山东半岛放舟美洲的田齐人的埋骨遗迹。此类汉字，在美洲已发现了 140 多个。”

我国学者刘振夏等人认为，释迦牟尼的弟子们，怀着强烈的传教热情，历尽千难万险到世界各地去传播他们的福音。公元 5 世纪，一批虔诚的中国僧侣（以惠琛为首）越过浩瀚的太平洋，登上了美洲大陆去普度众生，他们比哥伦布到达美洲要早 1 000 年。

无论如何，在 1 500 年前要进行一次上万千米横渡大洋的航行，绝不是一件轻而易举的事。刚刚脱离独木舟时代的西欧人当然不能胜任，即使当时航海尚发达的地中海沿岸国家的人也不具备这种条件。只有中国人有能力进行这样的远航。

惠琛和尚又是怎样往返于中国和美洲之间的呢？他巧妙地利用了大洋中的海流。船只顺着黑潮，以平均每小时约 2 海里的速度，沿琉球群岛、日本向东北方向驶去；在北太平洋中纬度地区，顺着西风漂流向东；在北美沿岸进入加利福尼亚的洋流，自西北向东南驶去。这三股洋流的流向和惠琛讲的东北—东—东南的航向完全一致。僧侣们此番航行可以说是顺风顺水。

3. 大洋热盐环流（Thermohaline circulation-THC）是何方神圣？

世界各大洋中的表层海流多是风吹起的，但是深层也有流动，这种流动不是风的作用，驱动它的是海洋不同区域的海水密度差（由温度和盐度的差异引起的），因此，又叫热盐环流或密度环流。

热盐环流的源地，在格陵兰岛东部。那里有一支从楚科奇海进来的太平洋水，流经北极点后又从格陵兰海向南流出的越极洋流。由于温度低、盐度高、密度大，所以在格陵兰岛东部下沉，形成东格陵兰底层冷水流向南方流去，就是享誉世界的北大西洋深层海水。这股水流到南极的威德尔海又与浅层的海水汇合，再向北流向印度洋、太平洋，然后从上层又流回大西洋。温暖的海水从南往北流动。在这一过程中，海水发生了两个变化：

① 降温（越往北越冷）；

② 因蒸发而增加盐度。

到了格陵兰岛东部冰岛附近，表层海水的温度和盐度都超过了一定临界值，导致其密度过高，从而下沉成为源头水，再流回南方。如此往复不已，构成世界大洋最著名的深浅耦合的大洋传送带，学名叫大洋热盐环流（图 3-7）。

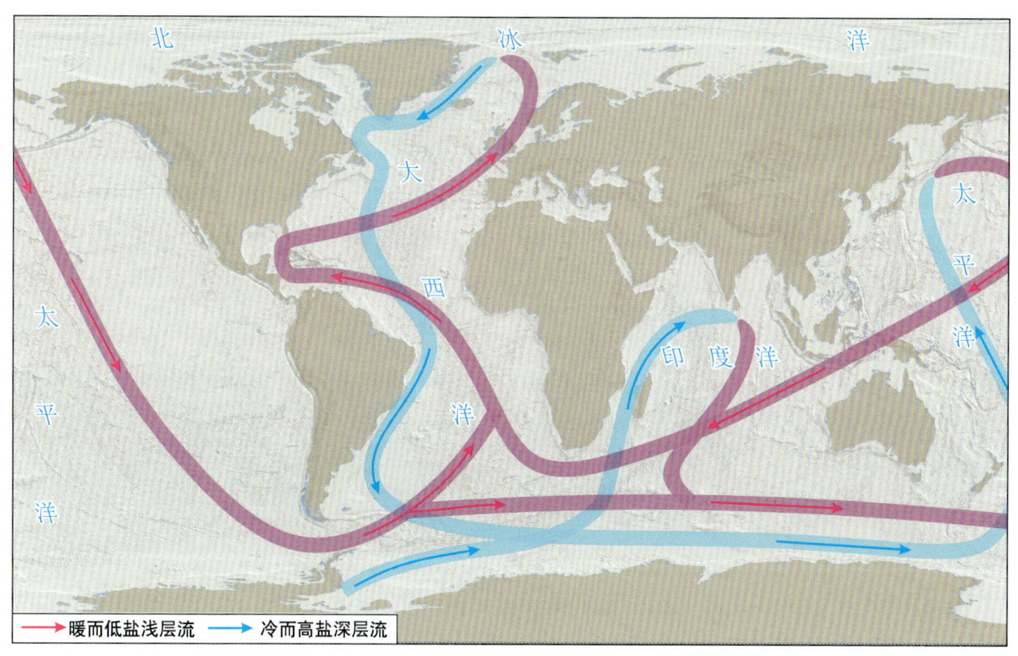

图 3-7 大洋热盐环流(THC)

你可以姑且理解为，就是格陵兰岛东部海水下沉，拖动了整个海水的循环。如果这里的海水下沉停止了，那么整个温盐循环就瘫痪了。

4. 在 YD 事件期间大洋热盐环流停止了?

一部分科学家认为：YD 事件期间大洋热盐环流停止，是造成突然降温的罪魁祸首。

该假说认为，劳伦泰德冰盖(位于今天的哈德逊湾东西两侧)的冰融水，经过哈德逊海峡注入北大西洋，注入量约 30 000 m^3/s。使得北大西洋北部浅层海水盐度大幅度降低。从南大西洋返回的浅层水和这里的低盐水相遇，密度显著降低。即使降温，密度也达不到下沉的程度，北大西洋深层水的生成戛然而止，减缓了大西洋经向翻转流，从而使得北大西洋地区不能通过洋流获得从低纬度带去的热量，最终触发了 YD 事件。

尽管温盐环流理论在模型中得到检验：在过量淡水输入情况下，北大西洋温盐环流确实会出现明显响应，北大西洋地区气温也呈现明显下降。但是在地质记录中却存在着诸多分歧。

① 该机制的倡导者 Broecker 在野外考察中并未发现劳伦泰德冰盖溶解的洪水注入北大西洋的古河道地质证据，也就从根本上动摇了热盐环流停止的依据。

② Smith 等对北大西洋深海珊瑚的研究表明，在 YD 期间，北大西洋深层水并没有停止运动，从低纬度流来的暖流也并没被切断，只是使北大西洋深层水渗透影响深度减小了。

③ 现代观测也表明，北欧暖冬和大西洋经向翻转流无关。近年来，随着现代格陵兰冰盖快速融化，大量淡水注入北大西洋，深层水快速淡化，北大西洋翻转流依然活跃，

这更加引起人们对于温盐环流驱动机制的重新审视。

3.2.2 潮汐的影响

1. 何谓潮汐?

凡是到过海边的人都会发现：有时候海水涨到了岸边，“惊涛拍岸，卷起千堆雪”；有时候海水却退到了离岸很远的地方，大片的泥滩、沙洲露出水面，游人卷起裤腿，争相在海滩上捡拾贝壳、藻类和落在水湾中的小鱼。居住在台湾海峡以北沿海的人，能看到海水在一天内有两涨两落。我们的祖先为了表示生潮的时刻，把发生在早晨的高潮叫潮，发生在晚上的高潮叫汐。这是潮汐的名称的由来。而居住在南海特别是北部湾沿岸的人，大多数时间内每天只能看到海水一涨一落。不管一天两涨两落，还是一涨一落，每天涨落时间都要比前一天推迟 50 分钟。这种有规律的涨落现象，统称潮汐。

(1) 潮汐运动是怎样形成的?

我国东汉王充说：“涛之起也，随月盛衰。”这里“涛”即是“潮”。这句话意思是，潮汐涨落的高度和时间，和月亮有关(图 3-8)。

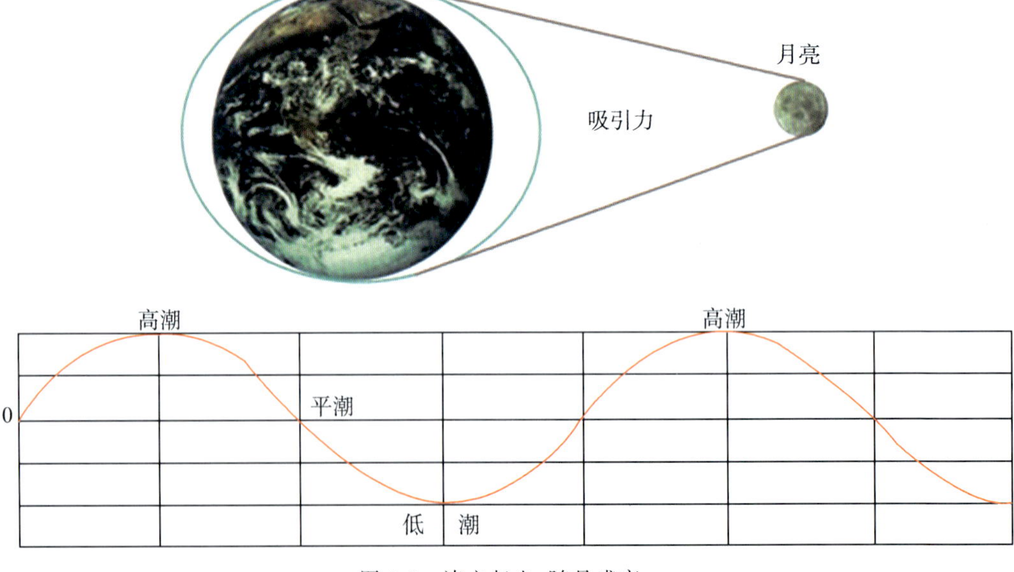

图 3-8 涛之起也，随月盛衰

但是，王充只把潮汐形成的主要原因讲了，实际上，潮汐涨落不仅与月亮有关，而且与太阳也有扯不断的联系。

由于太阳距离我们太远，它的引潮力比月亮小得多：只有月球引潮力的 1/2.17。即使如此，太阳引潮力也是不能忽视的：农历初一(新月)、十五(满月)，太阳和月亮在一条直线上，两个引潮力“力往一块用，劲往一处使”，就会产生大潮；初八(上弦)、二十三(下弦)这两天，太阳与月亮位置成直角，这时两个引潮力互相抵消一部分，因此，水位涨得

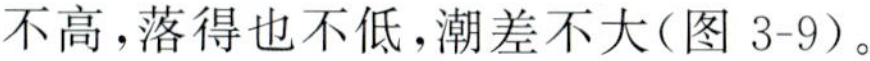

不高，落得也不低，潮差不大(图 3-9)。

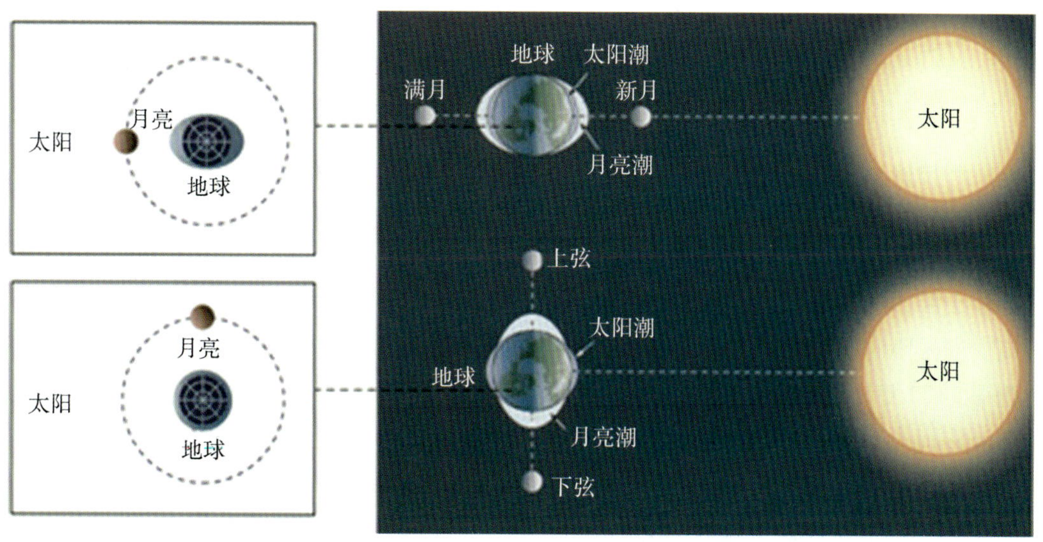

图 3-9　太阳与月亮对地球上海水涨落的影响

(2) 大洋中到处都有潮汐运动

潮汐运动，不仅在海洋中存在。月亮和太阳的引潮力甚至还能引起地壳的垂直运动，只不过运动幅度显著小于海水罢了。海洋中近岸/近海潮汐升降大，外海/大洋升降小。大洋的潮汐水位变化有如下特点(图 3-10)：某些点水位起伏不大，通常把这些点叫做无潮点，围绕这些点，辐射出“蛛丝”一样旋转的线，叫同潮时线，即在同一条线上，水位升降的时间是同步的——同升同降；还有一些用颜色标出的、近似同心的圆或椭圆，叫同潮高线——即同升同降的高度是一样的。

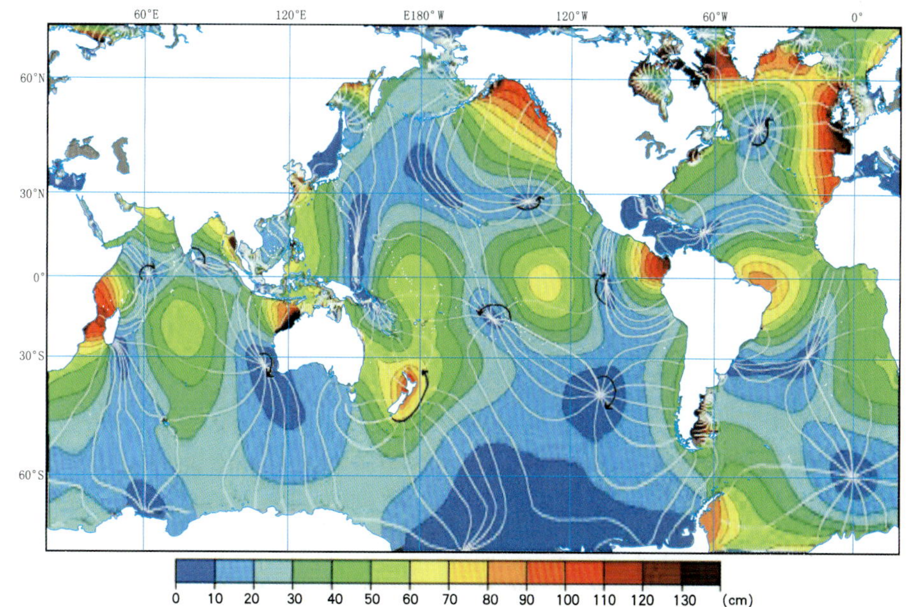

图 3-10　大洋潮汐的无潮点(白色圆点或长条状)、潮高(不同颜色)和同潮时线(细白色线条)

2. 潮汐可以影响气候

美国科学家相信，即使没有温室效应，地球自己的卫星——月球，也会使地球的温度上升。加州大学圣地亚哥分校海洋学研究所的查尔斯·季林说，月球通过影响地球上的潮汐使地球的温度上升。

杰拉尔德·邦德通过分析大西洋底的沉积层，发现地球的寒冷期和温暖期出现有规律的波动，波动周期为 1 500～1 800 年(图 3-11)。季林认为，地球、月亮和太阳相对位置的变化会引起潮汐强度的逐渐变化，其周期与邦德提出的"气候周期"是一致的。潮汐大时，就有更多来自海洋深处的冷水被带到海面。这些冷水可以冷却海洋上的空气。潮汐小时，海洋深处的冷水很难被带到海面，世界就变得暖和。据季林的计算，大约在 1425 年即小冰期的末期，潮汐达到了最大值，从那以后逐渐减弱，直到 3100 年潮汐又达到最大值。这个周期是过去 1 万年气候变迁的主要动力。这个效应使地球的温暖期从小冰期末期一直持续到 24 世纪。研究者同时指出，在千年周期尺度上还叠加百年尺度，据计算，相对的潮汐高潮年为 1264 年、1425 年、1629 年、1974 年。

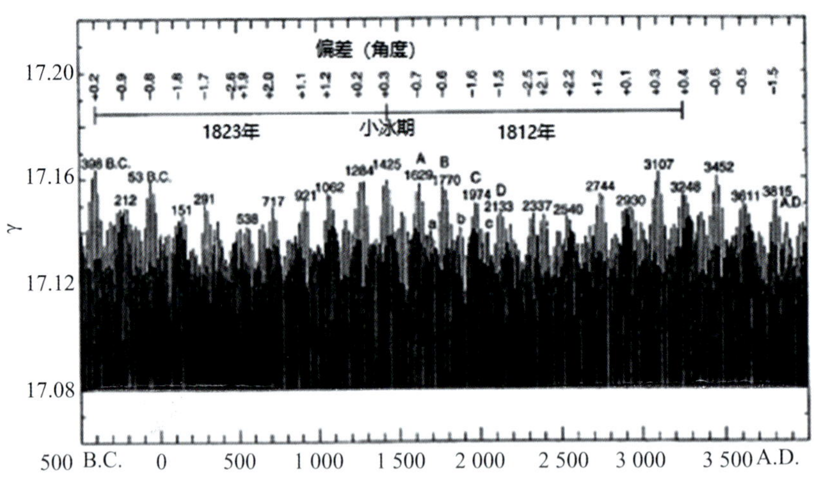

图 3-11　潮汐强度变化的 1800 年周期(Keeling and Whorf, 2000)
(γ 是与引潮力有关的月球角速度)

3.2.3　太阳黑子的影响

1. 太阳黑子产生与变化规律

太阳是地球上光和热的源泉。对于人类来说，光辉的太阳无疑是宇宙中最重要的恒星。在古代，太阳一直是人们顶礼膜拜的对象。从观测资料可认证史载"日中乌"就是指太阳黑子。到了 17 世纪 30 年代，伽利略用他发明的望远镜对太阳黑子的观察记录，被当时的宗教法庭谴责为异端邪说。数百年来，天文学家记录到像奇异的黑色花朵展现在太阳表面，并在若干天后逐渐消失的奇异现象。

太阳黑子是太阳上最显著的观测特征，是太阳表面一种炽热气体的巨大漩涡，温度为 3 000℃～4 500℃。因为其温度比太阳的光球层表面温度要低 1 000℃ 到 2 000℃

(光球层表面温度约为 6 000℃),所以看上去像一些深暗色的斑点(图 3-12)。

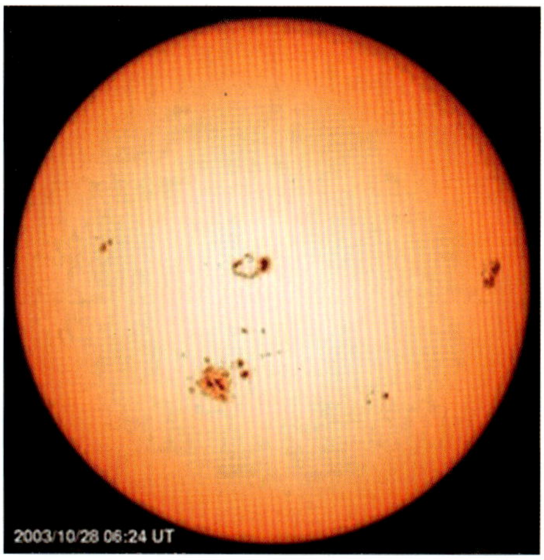

图 3-12　太阳黑子

虽然我们看到的太阳黑子很小,但是按照比例来计算,有的太阳黑子的区域可以装得下他的所有行星。

太阳黑子很少单独活动,通常是成群出现。黑子的活动周期为 11 年、22 年(磁周)(图 3-13)。

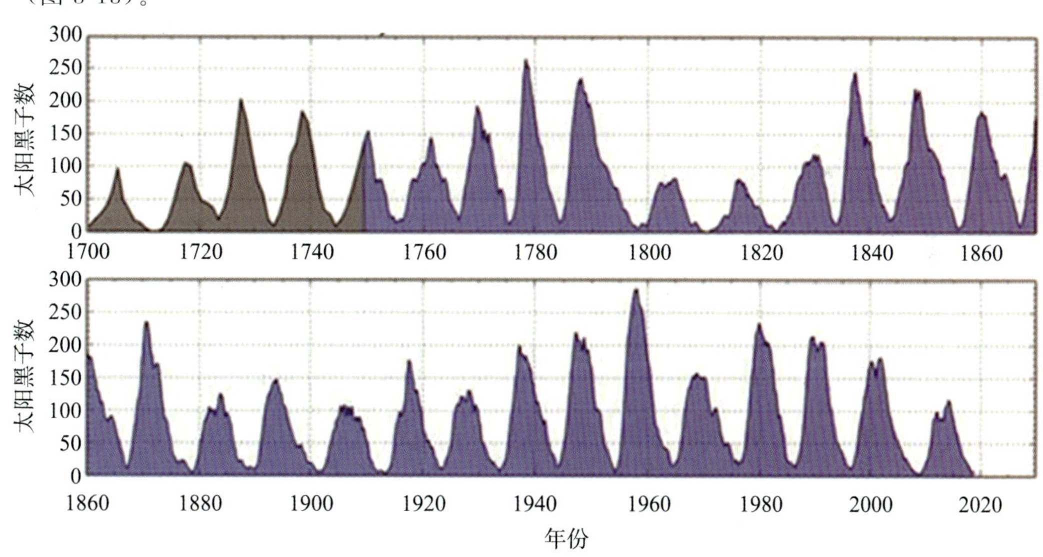

图 3-13　太阳黑子数

黑子活跃时会对地球的磁场产生影响,主要是使地球南北极和赤道的大气环流作经向流动,从而造成恶劣天气,使气候转冷。除 11 年、22 年周期外,还有 225 年、352 年、441 年、522 年、561 年、987 年、2 270 年和 6 486 年等各种周期(图 3-14)(尹志强等,2007)。

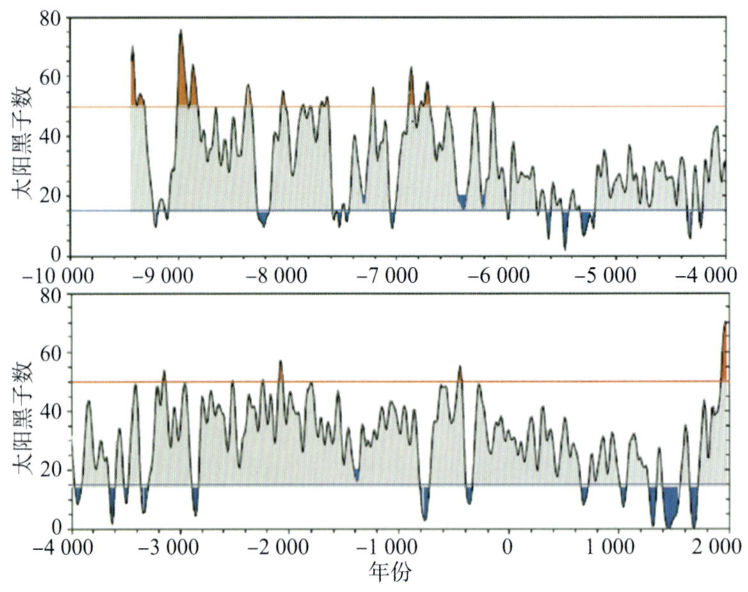

图 3-14 近 11 500 年来太阳黑子数

[红色为极大期，蓝色为极小期，横坐标负值表示公元前(Usoskin et al.,2007)]

2. 与海温密切相关

通过太平洋 200 m、大西洋 400 m 深(图 3-15)海水温度场分析发现，地球海洋温度变化广泛盛行着 22 年周期性年代际变化，这种 22 年变化周期在深层海洋中更为清楚。把海温场这种周期性变化与太阳磁场磁性 22 年周期进行了对比分析，发现这可能是海温场对太阳活动和太阳磁场磁性 22 年变化周期的响应。

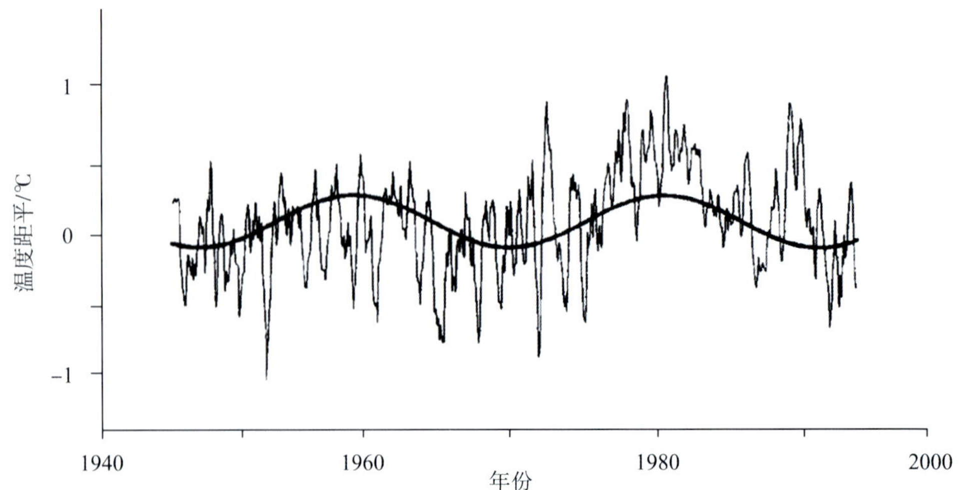

图 3-15 南大西洋 400 m 深海温 5 个月滑动平均曲线(细线)与其 264 个月周期(黑线)
(曲维政等，2004)

3. 潮汐高潮年与太阳黑子极小期重合导致更低温出现

令人感兴趣的是，相应潮汐高潮年，与太阳黑子极小期也有很好的对应关系。

从公元 850 年起，我们可以确定的太阳黑子延长极小期分别是：

沃尔夫极小期 (Wolf minimum) (1270—1350 年)
斯玻勒极小期 (Sprer Minimum) (1430—1520 年)
蒙德极小期 (Maunder Minimum) (1620—1710 年)
道尔顿极小期 (Dalton Minimum) (1787—1843 年)
21 世纪极小期 (21th Century Minimum) (2007—?)

其中，1264 年的潮汐峰值对应太阳黑子的沃尔夫极小期，和 14 世纪的冷气候对应；1425 年、1629 年两次潮汐峰值对应太阳黑子的斯玻勒极小期、蒙德极小期，和 15—17 世纪的小冰期对应；1770 年的潮汐峰值对应太阳黑子的道尔顿极小期，和 18 世纪的低温期对应；1974 年的潮汐峰值对应 20 世纪 70 年代的气候变冷(表 3-2)。

表 3-2 太阳活动、火山喷发、强潮汐和低温期的对应关系(杨冬红，2013)

太阳黑子极小期名称	太阳黑子极小期时间(年)	坏天气出现时间(年)	潮汐极大年出现时间(年)	火山活跃时间(年)	全球气温
欧特	1040—1080	1010—1110	1062	?	低温
沃尔夫	1280—1350	1165—1360	1264	1275—1300	小冰期
斯玻勒	1450—1550	1420—1525	1425	1440—1460 1470—1490 1570—1600	小冰期
蒙德	1640—1720	1600—1725	1629	1640—1680	小冰期
道尔顿	1790—1830	1790—1915	1770	1810—1820 1850—1860 1870—1890 1900—1920	小冰期
21 世纪	2007—?	1997—?	1974	1980—?	低温

大约从 2020 年开始，太阳进入不寻常且时间较长的“超级安静模式”，太阳黑子活动或许会消失几年甚至几十年。太阳黑子活动或许将进入“冬眠”，这种情况自 17 世纪以来从未出现。目前处于 200 年气候周期的变冷初期。

3.2.4 温室气体影响

1. 温室气体的“放大”作用

记录表明，观测到的气候变化(以地面温度距平为代表)与大气 CO_2 和 CH_4 等温室气体浓度之间存在极好的正相关关系(图 3-16)，且温室气体浓度变化和气温变化基本同步。另一方面，气候变化与海盐和沙尘气溶胶浓度之间存在较好的负相关。因此，温室气体和气溶胶有可能成为轨道日射量的两个“放大”因子。不过大气 CO_2 和 CH_4 的浓度相差很大。

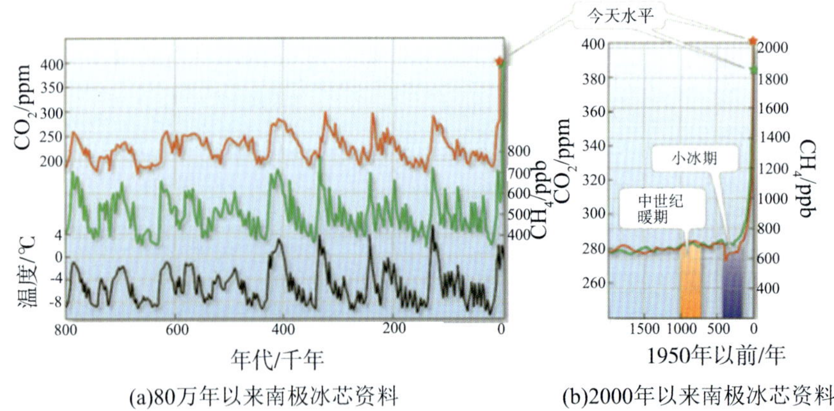

图 3-16 温度变化与 CO_2 和 CH_4 等温室气体浓度(Petit et al.,1999)
(1 ppb=1/1000 ppm)

2. 大气—海洋—陆地之间的碳循环可能是 YD 事件的驱动力

现在,世界大洋储存的碳是大气的 55 倍,大气中的 CO_2 浓度与大洋储存的 CO_2 保持平衡,这与大洋的初始生产力以及含 $CaCO_3$ 生物的产生、沉降和溶解都有密切的联系。格陵兰冰芯的分析表明,新仙女木时期大气 CO_2 含量由 300×10^{-6} 降至 250×10^{-6},然后又迅速恢复到 300×10^{-6}。虽然在太阳辐射—大气—冰盖—陆地—生物相互作用、多层次反馈的复杂系统中,大气中的 CO_2 和 CH_4 等温室气体究竟是变化的原因还是变化的结果,目前还无法作出肯定回答。

3.2.5 无需驱动,是气候本身规律

长期以来,地球的气候变化虽然以全球平均地表温度作为主要的衡量参数或标准,但实际上它涉及全球气候系统的变化。

全球气候系统指的是一个由大气圈、水圈(含海洋)、冰雪圈、岩石圈(含陆面)和生物圈组成的高度复杂的系统(图 3-17)。这些圈层不但自身发生着明显的变化,而且它们之间有着明显的相互作用。

在这个系统自身动力学和外部强迫作用下(如地质构造变化、火山爆发、太阳变化、人类活动引起的大气成分的变化和土地利用变化等),气候系统不断地随时间演变(渐变与突变),结果形成了不同时空尺度的气候变化(如寒冷期与温暖期、干旱期与湿润期)、气候变率与变异(如月、季、年际、年代际、百年尺度等)。尤其是 1850 年全球有了准确的气象观测资料后,近几十万年地球气候系统似乎至少存在两个基态,即急速振荡态和稳定少变态。前者似乎和冰期阶段相联系,而后者似乎对应于间冰期。急速振荡是年代到千年尺度上的现象,用地球轨道参数变化理论无法解释。近年来,越来越多的人认为 YD 事件或许是自然气候变化的一部分,并非是一次独特的气候突变事件。

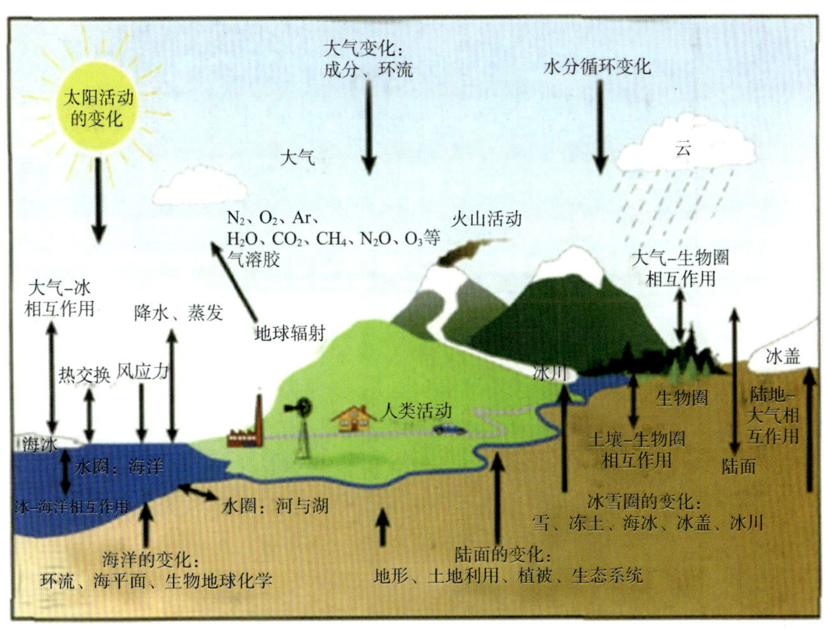

图 3-17　气候系统及其圈层相互作用过程示意图（IPCC. Climate Change 2007）

参考文献

[1] 陈仕涛. 汪永进，孔兴功，刘殿兵，Cheng Hai，Edwards R L. 倒数第三次冰消期亚洲季风气候可能的类 Younger Dryas 事件[J]. 中国科学，2006，36(5)：445—452.

[2] 高晓清，朱德琴，姚济敏. 从地球系统的观点看气候突变干旱气象[J]，2004，22，(4)：71—75.

[3] 高远，王成善，黄永建，胡滨. 大陆科学钻探开展古气候研究进展[J]. 地学前缘，2017，4(1)：229—240.

[4] 郭军. 新灾变论科学思想的哲学研究[D]. 西安：长安大学，2006.

[5] 郭志勇. 北大西洋站深海沉积物记录的早更新世气候变化[D]. 南京：南京大学，2012.

[6] 韩喜斌. 末次冰消期以来古黄海环境演变及 YD 事件研究[D]. 青岛：中国海洋大学，2006.

[7] 洪晖. 闽西仙云洞石笋记录的新仙女木事件及其驱动机制研究[D]. 福州：福建师范大学，2017.

[8] 华英敏. 地球轨道要素的变化及其对气候长期变化的影响[J]. 中国科学院上海天文台年刊，1994，15：9—14.

[9] 李保华，王晓燕. 末次冰期以来中国海区浮游有孔虫 Pulleniatina obliquiloculata 含量变化的地层学意义[J]. 微体古生物学报，2009，26(4)：313—322.

[10] 李潮流，康世昌. 全球新仙女木事件的恢复及其触发机制研究进展[J]. 冰川冻土，2006，28(4)：568—576.

[11] 李崇银，翁衡毅，高晓清，等. 全球变暖的另一可能原因[J]. 大气科学，2003，27(5)：789—797.

[12] 李南，陈星. 第四纪冰期循环 40 ka 周期的一种解释以及模拟尝试[J]. 科学通报，2007，52(10)：1181—1188.

[13] 刘殿兵.(YD) 事件区域特征及动力机制研究新进展[J]. 地质论评，2012，58(2)：341—346.

[14] 罗先汉. 论全球巨变的银河旋臂成因[J]. 北京大学学报(自然科学版). 1992，28(3)，361—370.

[15] 欧阳自远. 小行星撞击地球的"祸"与"福"[J]. 科技导报，2019，37(2)，92—97.

[16] 曲维政，邓声贵，黄菲，张鑫，张微. 深海温度变化对太阳活动的响应[J]. 第四纪研究，2004，24(3)：285—292.

[17] 任国玉. 重大气候突变会不会发生？——兼评《气候变化突发影响：预见意外》[J]. 气候变化研究进展，2017，13(2)：181—184.

[18] 石广玉，刘玉芝. 地球气候变化的米兰科维奇理论研究进展[J]. 地球科学进展，2006，21(3)：278—283.

[19] 汤懋苍，董文杰. 对地球大冰期成因的新看法[J]. 科学通报，1997，42(7)：723—724.

[20] 汪品先，王律江. 末次冰期时南海的表层海流与古水温[M]. 青岛：青岛海洋大学出版社，1992，56—65.

[21] 王建民，钟巍. 晚冰期新仙女木事件的研究历史及现状[J]. 冰川冻土，1994，16(4)：371—379.

[22] 王绍武，闻新宇，黄建斌. 不久的将来气候会变冷吗？[J]. 科学通报，2010，55(30)：2980—2985.

[23] 徐文炘，李杏林. 第四纪气候与地质环境演化及人类活动的关系的研究[J]. 矿产与地质，2000，14(75)：23—28.

[24] 杨冬红，杨德彬，杨学祥. 地震和潮汐对气候波动变化的影响[J]. 地球物理学报，2011，54(4)：926—934.

[25] 杨冬红，杨学祥. 全球气候变化的成因初探[J]. 地球物理学进展，2013，28(4)：1666—1674.

[26] 尹志强，马利华，韩延本，韩永刚. 太阳活动的甚长周期性变化. 科学通报，2007，52(16)：1859—1863.

[27] 张澄瑜. 27 Ka 以来日本海北部的沉积记录与环境响应[D]. 青岛：中国海洋大学，2014.

[28] IPCC. Climate Change 2007：Physical Science Basis. Cambridge：Cambridge University Press，2007，996.

[29] Keeling C D，Whorf T P. The 1800-year oceanic tidal cycle：A possible

cause of rapid climate change [J]. PNAS, 2000, 97(8): 3814—3819.

[30] Severinghaus J P, Sowers T, Brook E J, et al. Timing of abrupt climate change at the end of the Younger Dryas interval from thermally fractionated gases in polar ice[J]. Nature,1998, 391: 141—146.

[31] Shackleton N J, Berger A, Peltier W R. An alternative astronomical calibration of the lower Pleistocene timescale based on ODP Site 677[J]. Transactions of the Royal Society of Edinburgh:Earth Sciences,1990,81:251—261.

[32] Sime L C, Wolff E. W,Oliver K I C,Tindall J C. Evidence for warmer interglacials in East Antarctic ice cores[J]. Nature, 2009, 462: 342—345.

[33] Steiner J, Grillmair E. Possible galactic causes of periodic and episodic glaciation[J]. Geological Society of America Bulletin, 1973, 84:1003—1018.

[34] Stuiver M, Grootes P M. GISP2 oxygen isotope ratios[J]. Quaternary Research, 2000, 53(3): 277—284.

[35] Usoskin G, Solonki S K, Kovaltsov G A. Grand minima and maxima of solar activity: New observational constraints[J]. Astron Astrophys, 2007, 471:301—309.

[36] Wally Broecke. The great ocean conveyor:discovering the trigger for abrupt climate change[M]. 2010, ISBN9780691143545.

第4章 中国气候5 000年

4.1 5 000年文明古国的四次暖、冷期交替

4.1.1 竺可桢先生的杰出贡献

早在20世纪70年代，竺可桢先生在《中国近五千年来气候变迁的初步研究》一文中，将中国近5 000年的时间分为四个时期：一是考古时期，大约公元前3000至前1100年，当时没有文字记载（刻在甲骨上的例外）；二是物候时期，公元前1100年到公元1400年，当时有对于物候的文字记载，但无详细的区域报告；三是方志时期，从公元1400年到1900年，在我国大半地区有当地写的并时加修改的方志；四是仪器观测时期，即公元1900年之后。从中发现，我国近5 000年来，有四次温暖期和四次寒冷期交替出现。

1. 第一个暖-冷周期

第一温暖期发生在公元前3000年至公元前1000年前左右，这个时期我国的年平均气温大部分时间比现在高2℃。

第一寒冷期从公元前1000年左右到公元前850年（周代初期）。这个短暂的寒冷期，年平均气温在0℃以下。

2. 第二个暖-冷周期

第二温暖期从公元前770年到公元初年，又进入一个新的温暖时期。

第二寒冷期从公元初年到公元600年，即东汉、三国到六朝时代，又进入第二个寒冷时期，在当时的南京，冬天温度比现在要低，结冰是很常见的。

3. 第三个暖-冷周期

第三温暖期从公元600年到公元1000年，即隋、唐、五代时期，是第三个温暖期，当时在长安，广泛种植着喜热喜雨的竹子。

第三寒冷期从公元1000年到公元1200年，即宋朝，是第三个寒冷期，温度比现在要低1℃左右。

4. 第四个暖-冷周期

第四温暖期从公元1200年到公元1300年，即宋末元初，是第四个温暖期，但这次

不如隋、唐时那样温暖，表现在大象生存的北方限，逐渐由淮河流域移到长江流域以南，退到广东、云南等地。

第四寒冷期发生在公元 1300 年以后，寒冷的冬季出现在 1470—1520 年、1620—1720 年及 1840—1890 年期间，最冷的时候是在 17 世纪，特别是在 1650—1700 年，即明清时代，是第四个寒冷期，温度比现代低 1℃～2℃。

历史时期中冷期所处阶段与持续时长如图 4-1 所示。

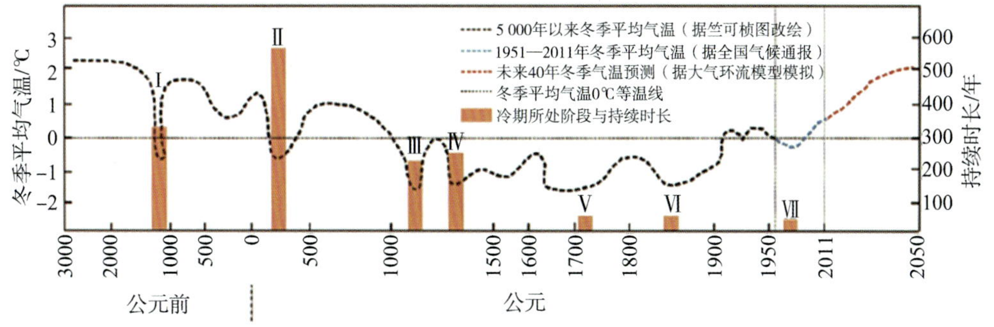

图 4-1　历史时期中冷期所处阶段与持续时长(胡进等,2013)

4.1.2　四次冷暖交替的佐证

1. 与冰芯记录对比

竺可桢先生得出的 5 000 年来中国四个大的冷暖周期回旋与万里之外的格陵兰中部地区 GISP2 冰芯得出的气温(图 4-2),能有这么多吻合,实属惊人。从图中可以看出,竺可桢先生得出的冷暖期都能在图中找出对应区间:公元前 1400 年的高温、公元前 1000 年附近的低温;公元前 770 年到公元初年的高温、公元 200 年附近的低温;公元 1000 年的高温以及公元 1200 年、1300 年的低温。

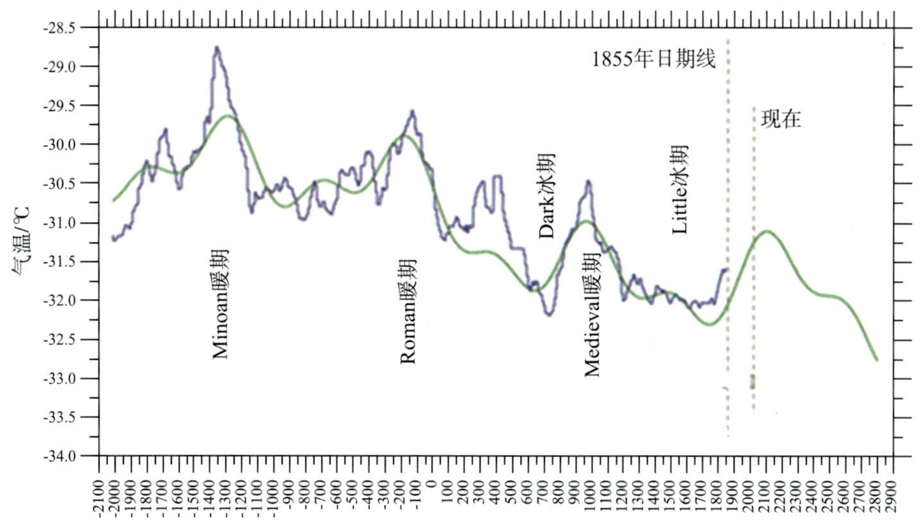

图 4-2　格陵兰中部 GISP2 冰芯重建的气温(蓝线)和模拟值(绿线)(Humlum et al,2010)

2. 与冲绳海槽柱状样反演温度相比

冲绳海槽是濒临中国东海最深的水域(图 4-3)。有三个钻孔资料可以使用:DOC024、DOC082 和 MD05-2908。

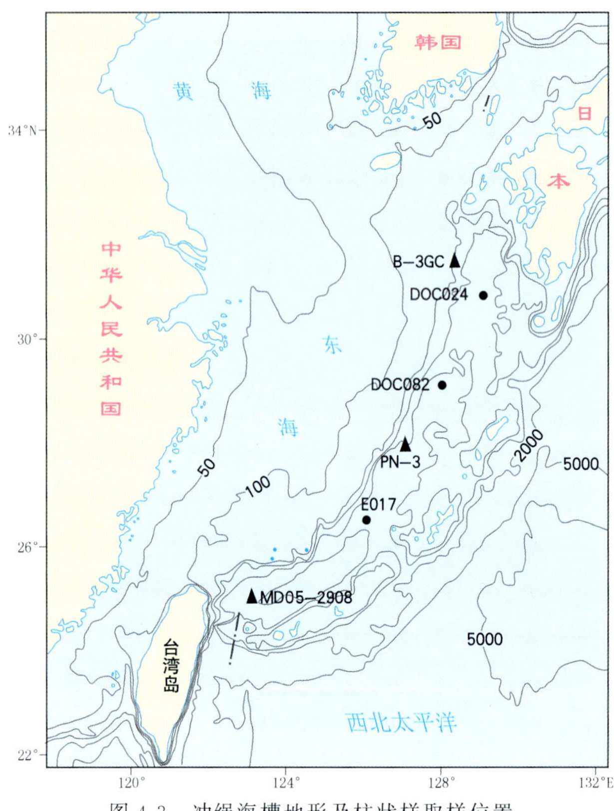

图 4-3　冲绳海槽地形及柱状样取样位置

它们分别位于冲绳海槽的北部、中部和南部。由于所处地理位置、环流体系的不同及沉积速率的差异,可以记录不同的环境信息,在研究古海洋环境方面的侧重点也不同。北部 DOC024 钻孔岩芯在冰期海平面下降时,大量的陆源沉积物在此处沉积,沉积速率较高,有利于研究黑潮流轴的变化。南部的 MD05-2908 钻孔也位于高速沉积区,平均每年沉积厚度达 0.50 cm,如此高沉积速率的沉积记录,对于研究该地区全新世以来的气候及环境变化具有重要意义。

中部 DOC082 钻孔位于长江口东偏南方向,其位置更能反映长江流域的气候情况,其资料更具代表性(图 4-4)。将竺可桢先生得出的中国 5 000 年气候与冲绳海槽 7 000 年以来的冬季海水表层温度对比可以发现,第一暖期、第一冷期、第二暖期、第二冷期、第三暖期、第三冷期符合度较好,只有第四暖、冷期较不符合。

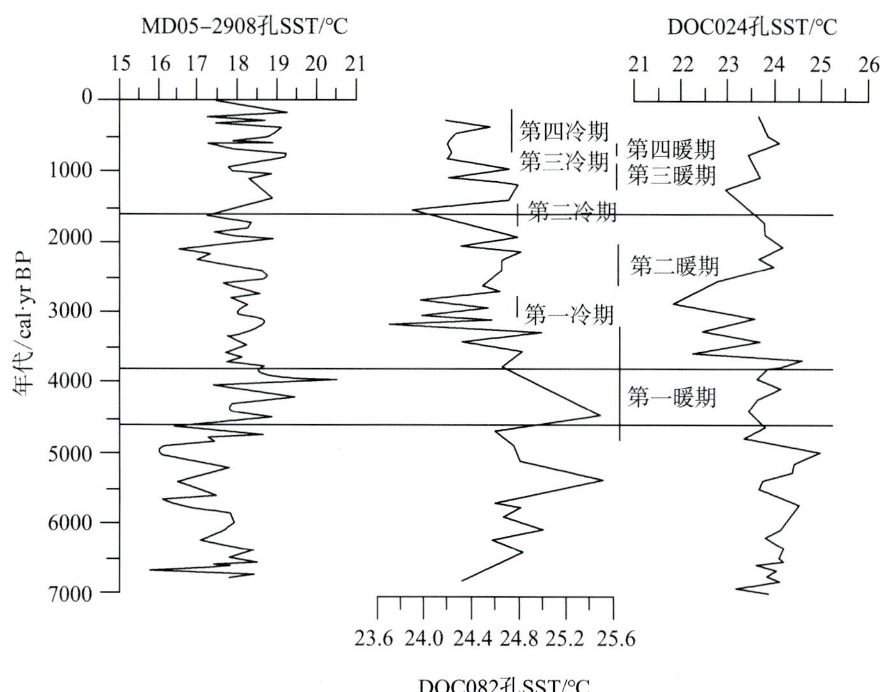

图 4-4　冲绳海槽三个钻孔反演的 7 000 年以来的冬季海水表层温度(SST)变化(何晋娜,2013)

3. 气候史与艺术史相辅相成

气候史与艺术史基本上是相辅相成的。艺术家的灵感来源于其生活背景和对自然的感受。雪是冬日里的精灵,自然受到艺术家的青睐,许多历史中关于雪的故事充满着韵味。例如,北宋时期(960—1127 年),正处于竺可桢先生描述的第三寒冷期,是中国近 2 000 年来温度最低的时期。许多故事和绘画似乎坐实了那个朝代的寒冷。例如,"程门立雪"(1081—1127 年)(老师午睡,怕打扰,立于一旁,不觉雪已盈尺矣),"林教头风雪山神庙"(1082—1135 年),总有着下不完的雪。《清明上河图》也是从寒冬画起的,画中一个大男孩领着一队驴子驼炭而行,似乎预示着冬夜的寒冷。雪景,是宋代绘画的重要内容和题材之一。据不完全统计,现存宋代涉及雪景的传世画作至少有 50 幅,其中包括许道宁的《关山密雪图》、郭熙的《关山春雪图》、范宽的《雪山萧寺图》。图中皑皑白雪覆盖下雄奇壮伟的大山,提供了一个"洁与静"的世界,一个接近空无的世界。

4.1.3 中国南北方温度变化有一定差异

1. 南沙永暑礁沉积剖面的气候变化

中国南海作为热带西太平洋边缘海的典型，其全新世以来的海洋过程受到了高度关注。永暑礁(图 4-5)是南沙群岛里的大型环礁，面积达 108 km^2。1988 年，中国在此建立了海洋观察站，而后取得大量水文气象观测数据，为通过海洋珊瑚礁碳酸盐沉积研究几千年来海水温度变化奠定了坚实基础。

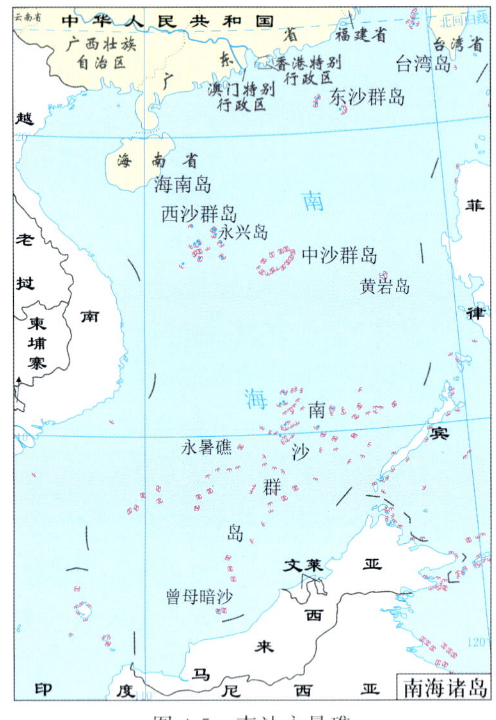

图 4-5 南沙永暑礁

海洋珊瑚礁碳酸盐沉积与海洋和大气相互作用，还受到人类活动的显著影响，其形成演化是研究全球海气耦合系统、气候—碳循环耦合模式和汞循环等的重要环节。

珊瑚和海洋双壳类贝壳(生物碳酸盐)对周围环境变化异常敏感，且通常在生长过程中形成明显的生长纹层，包含丰富的气候环境信息。因此，海洋生物碳酸盐成为重建过去气候系统的重要工具。已有研究表明，珊瑚、有孔虫以及软体动物贝壳的稳定同位素和痕量元素可以作为过去海表温度、盐度和营养物质的替代性指标。赵焕庭等(2004)、黄振国和张伟强(2008)等学者认为，用南沙永暑礁南永 3 井岩芯剖面 $\delta^{18}O$ 分析可以揭示晋朝以来约 1 700 年的气候波动(图 4-6)。

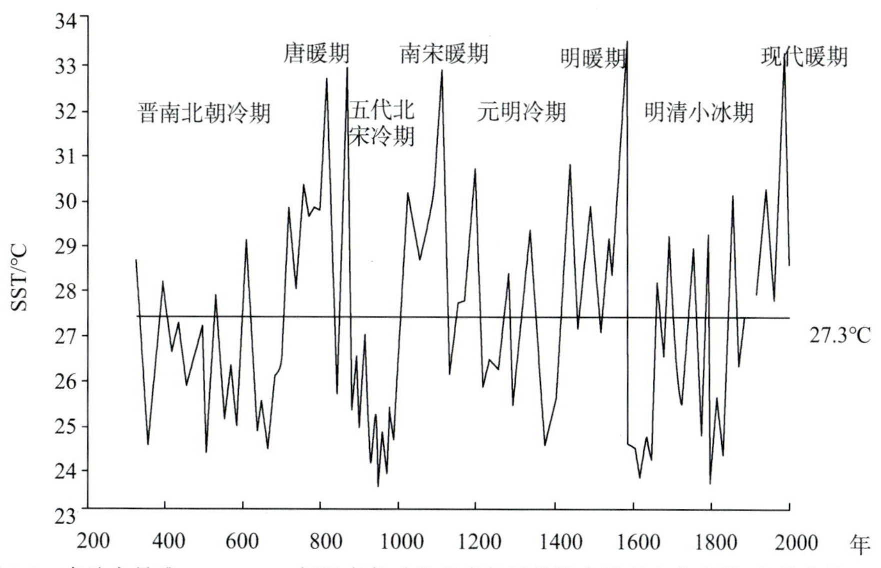

图 4-6　南沙永暑礁 330—1999 年以来各时段的多年平均海表温度变化曲线(赵焕庭等,2004)

南永 3 井岩芯剖面为环礁泻湖的珊瑚碎屑沉积,进尺 5.9 m,获得高分辨率的 $\delta^{18}O$ 曲线。330 年到 2000 年以来的沉积 $\delta^{18}O$ 曲线反映,1700 年以来,南方有 4 个旋回的冷-暖波动,即晋南北朝冷期-唐暖期、五代北宋冷期-南宋暖期、元明冷期-明暖期、明清小冰期-现代暖期。其中,晋南北朝冷期——330—706 年,唐暖期——707—870 年,五代北宋冷期——871—1016 年,南宋暖期——1017—1209 年,元明冷期——1210—1423 年,明暖期——1424—1582 年,明清小冰期——1583—1891 年,现代暖期——1892—现在。

现今,永暑礁多年实测平均海表温度为 28.6℃。$\delta^{18}O$ 值每变化 1.0‰,水温变化 4.5℃。按此推算,可知历史上暖期平均海表温度比现今高 1.8℃,冷期比现今低 4.1℃。

2. 历史气候的佐证

(1) 五代北宋冷期

吴永红根据唐代冬无冰或无雪的记录分析得到:五代北宋冷期,从 870 年开始有些勉强。实际上,从 800 年初至 907 年,气候明显转寒,冬无冰雪的年数仅有四次,与 $\delta^{18}O$ 曲线揭示的温度相符。例如,唐德宗贞元十八年(802 年)豫南地区“冬十月频雪”;唐宪宗元和八年(813 年)“东都(洛阳)大寒”;唐昭宗乾宁二年(895 年)“苏州大雨雪”;唐昭宗天复二年(902 年)“浙西大雨雪”;唐昭宗天复三年(903 年)“浙西大雪,平地三尺”;唐哀帝天祐元年(904 年)“浙东、浙西大雪”。

(2) 明清小冰期

《云南通志》:神宗万历二十九年(1601 年)九月云南大雨雪。云南气候以四季如春著名,常年冬天不下雪。在明代末期的晚秋竟然“大雨雪”,可见当时气候甚寒。

《广东通志》:神宗万历四十六年(1618 年)冬十二月,广东雪甚,白昼雪下如珠,历时 6 日。山谷之中林皆琼挺。父老俱言,从来未有。

《四川通志》:熹宗天启三年(1623 年)夏五月,四川天降大雪,积数尺,树枝禾茎尽折。四川北有大巴山阻挡,冬季寒风难以进入,所以常年冬天不下雪。

《江南通志》:明熹宗天启四年(1624 年)夏五月六日,镇江大寒,夜微雪。

《山西通志》:明思宗崇祯二年(1629 年)夏五月,山西苛岚雨雪;明思宗崇祯四年(1631 年)冬,陕西大雪两月,深丈余;五年(1632 年)冬,山西永和大雪连,13 日,深丈余;十二年(1639 年)秋,山西永和陨霜杀稼。

3. 近 200 年南沙海表温度变化

明清小冰期划分范围较大,聂宝符等(1996,1999)将 1780 年以来南沙海表水温作了较短时间尺度的研究(图 4-7)。从图中可以看出,1780 年至 1993 年海表温度呈波动趋势,年均海表水温为 27.2℃,前百年为正距平,波动幅度为 0.9℃;后百年以负距平为主,波动幅度为 1.9℃。后百年又可分为 3 个阶段,20 世纪初至 50 年代海表温度升高,50 年代至 80 年代温度降低,80 年代后温度升高。

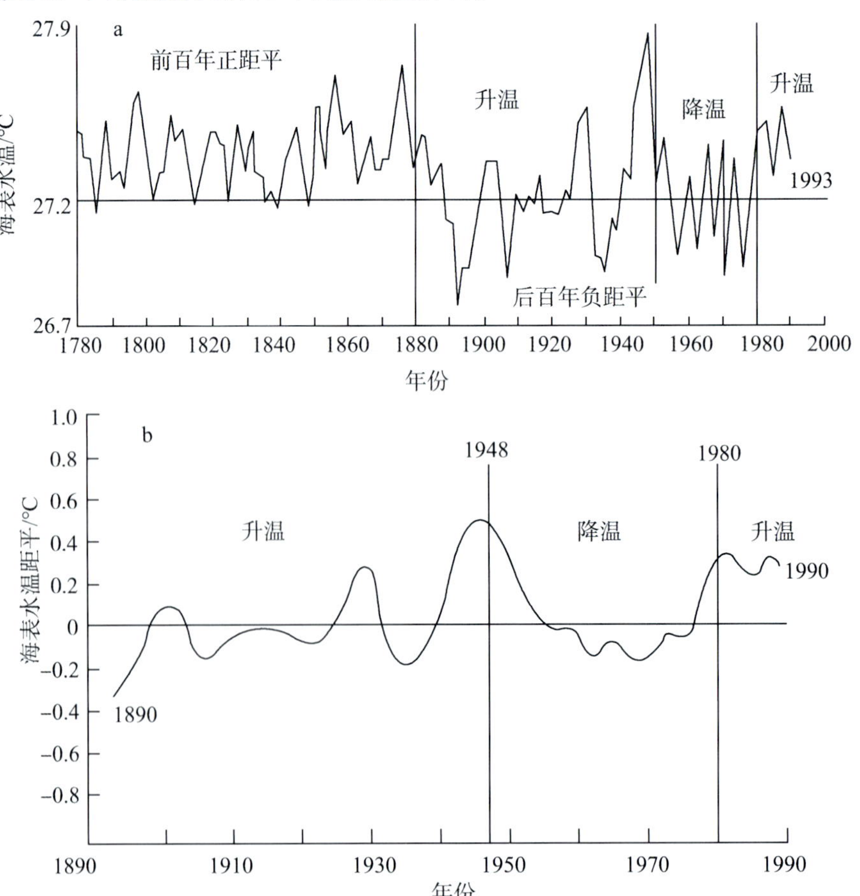

图 4-7 南沙永暑礁南永三井 1780 年至 1993 年南沙海表温度变化(聂宝符,1996,1999)

2. 中国南北方气候的异同

(1) 冷期的比较

对比可知，竺可桢提出的第二寒冷期（从公元初年至600年）与图4-6指示的温度基本相符，第三寒冷期（从1000年至1200年）的论述与之相差较大。南沙永暑礁南永3井岩芯 $\delta^{18}O$ 曲线揭示的温度，最冷时期为820—1000年，较竺可桢提出的第三个寒冷期提前了约200年。

第四寒冷期发生在1300年以后，寒冷的冬季出现在1470—1520年，1620—1720年及1840—1890年，最冷时期是在1650—1700年，即明清时代，与图4-6相差也非常明显：最低温出现在1350—1400年、1580—1620年、1800—1820年，持续时间只有几十年。

特别是1800年以后，中国南部再次遭受低温袭击：1815年，中国的台湾新竹、苗栗皆“12月雨雪，冰坚寸余”；1815—1817年，云南地区发生大面积灾荒，被称为嘉庆大灾荒，可以说，嘉庆大灾荒是云南有记载的规模最大、最严重的一次饥荒。据云南《邓川县志》记载，嘉庆二十一年（1816年）“是岁大饥，路死枕籍”。1817年，江西彭泽县“6月下旬北风寒，二十九日夜尤甚，次早九都、浩山见雪，木棉多冻伤”。

1816年，全球性的低温也袭击了欧洲、美洲。据保守估计，1816年北半球平均气温下降了0.4℃～0.7℃。在西方，这一年被称为“无夏之年”。夏季农作物歉收，导致价格激烈上涨，欧洲国家出现“粮食骚乱”。美国新罕布什尔州88岁的医生爱德华，同时也是气象学和天文学爱好者，他详细记载天气情况已经有80年之久。在1816年的6月7日，爱德华医生写道：“天气极其寒冷，土地冻得坚硬，风雪呼啸了一天，在中午的暗影处，冰柱有12英寸那么长。”6月17日早晨气温下降到0℃以下。佛蒙特市附近的一个农夫有很大一块玉米田，这几天晚上他都在田里燃起篝火，和家人轮流看守不让火熄灭，以免玉米冻死。7月伴随着冰雪而来，新英格兰地区，纽约和宾夕法尼亚州部分地方覆盖了一层厚玻璃似的冰雪。更令人意想不到的是，最严重的是8月，几乎所有绿色的植物都冰封在霜雪之下。霜冻和冰雪冻死了地里所有的豆类和谷物，田里空空如也。

(2) 暖期的比较

竺可桢根据一系列物候现象以及公元650年、669年和678年冬天长安无冰无雪等史料记载，得出从公元600年到1000年唐代气候较现代暖和的结论。

近年来，随着研究方法的改善，学者们对中国历史气候的波动状况有了更加清晰和科学的认识。其中，就有学者开始质疑隋唐温暖期的存在。满志敏（1990）认为，唐代不处在一个稳定的温暖期内，以8世纪中叶为界，前期气候估计与现代相差不大，8世纪中叶以后气候明显转寒，寒冷达到顶峰时的程度可与明清小冰期相比。与此同时，也有一些学者对满志敏的观点进行反驳，认为从整体上来讲，唐代的气候较现代暖和；但是，唐代气候也并非一直温暖湿润，必然存在着冷-暖波动，其大致以8世纪80年代为界点分为前后两期，前期出现暖冬的频率很高，气候较现代温暖，后期则明显转寒。

但是，南沙永暑礁南永3井岩芯 $\delta^{18}O$ 曲线揭示的温度表明，在唐代（618—907年）

南方确实是温暖的，只是808年突然转冷。例如，资州(今四川资阳市)冬天一般比较湿润，而且多阴晦天气，但是在元和三年(808年)突然转冷，冬天多寒霜以至于资州“故老咸异之”。

3. 砗磲内壳 Sr/Ca 重建南海 7 000 年海表温度的启示

砗磲是生活在热带海洋的大型海洋双壳类动物，具有坚硬的文石壳体，长度超过1 m，可以存活数十年甚至上百年，其内壳层中具有清晰的生长纹层(图4-8)。

图4-8 砗磲

砗磲的生长速率较快，库氏砗磲分泌产生的文石壳体，在生长初期每年可增长几厘米的厚度，成年之后每年可增长几毫米的厚度。砗磲的这些特性使其成为研究古气候环境变化的材料，砗磲壳体是重建十年至百年尺度高分辨率古温度记录的理想载体。

20世纪80年代已有学者利用砗磲壳体的 $\delta^{18}O$ 进行古气候古环境研究。中国科学技术大学极地环境与全球变化安徽省重点实验室自2008年至2018年在南海西沙群岛、南沙群岛和黄岩岛等地采集的砗磲样品共60个，利用多种科学分析方法，得出7 000年以来南海表层水温变化(图4-9)。

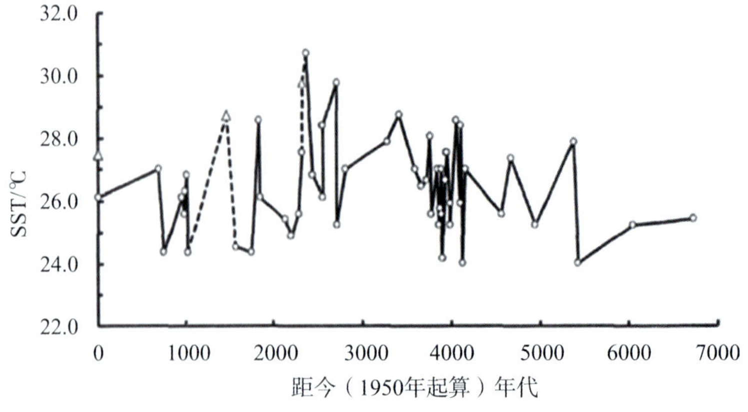

图4-9 利用砗磲重建过去7 000年SST记录(梅衍俊，2018)

从图中可以看出，① 公元前400—公元400年是一个低温时段，这与图4-6中晋南北朝冷期是吻合的。② 700—900年有一个高温时段，这与图4-6中唐暖期有一部分是吻合的。③ 在900—1 000年有一个低温区，这与图4-6中北宋冷期是吻合的；④ 在1 000—1 200年有一个高温区，这与图4-6中南宋暖气相对应的。只是由于图4-6中资料不足，难以确切界定。

根据竺可桢研究结果，“第一温暖期发生在公元前3000年至公元前1000年前，这个时期我国大部分时间的年平均气温比现在高2℃”。但是，图中显示的高温并不突出，只是在公元前1000—1500年有一个高温期，高出当今温度约2℃。

在5 430年前，出现明显低温值24.02℃，以现代平均SST(27.80℃)为参照，5 430年前温度低3.78℃，是一次明显的冷事件，这与北大西洋深海沉积记录的5 500年前低温是一致的。

在4 130年前，SST为24.02℃，此值与5 500年前的低温相当；也有学者研究发现约4 000年前北太平洋和北大西洋的SST均较低。因而，4 200年前的事件是一次既干旱又寒冷的事件。

在2 800年前，大多海洋资料反映出一次低温事件，但此事件在砗磲中没有表现出明显的低温，虽然2 810年前SST处于低谷，为27.01℃，但此温度比现代SST仅低0.79℃。

在2 320～2 370年前，SST出现异常高温(约30.7℃)，比现代SST高约2.9℃。

4.2　气候变化与朝代更替

4.2.1　气候变化与崇祯年间“人相食”事件

1. “人相食”事件情况

明代中晚期，逐渐进入小冰期鼎盛期，因此，也被称为“明清小冰期”。在小冰期期间，中国年平均温度1℃～2℃，看起来温度并不低，但因为降雨分布的变化导致长期干旱，对农业生产带来了灾难性影响。

崇祯年间的干旱期与大量的“人相食”事件之间有着密切的关系。崇祯年间的“人相食”事件记载(表4-1)显示，导致大饥荒的最主要原因是旱灾。引起食人事件的原因中，“旱灾”或“旱灾＋其他灾害”合计共有440县次，占了总次数的93%。其中，以1640年为最甚，其次就是1641年。气候恶化引起食物资源的极度匮乏，是导致明朝灭亡的重要原因，气候变化对于历史进程具有不可忽视的影响。

表 4-1 明崇祯年间“人相食”事件统计

朝代（崇祯）	公元年份	省次（两京及十三布政司）	府志数	州志数	县志数	其他（乡、镇或卫所）	合计县次
元年	1628	2	2	1		1	4
二年	1629	1		1	2	2	5
三年	1630	2	1		4		4
四年	1631	3	1	1	2	1	5
五年	1632	2			2		2
六年	1633	4	2		3		5
七年	1634	4	4	3	11		15
八年	1635	3			3		3
九年	1636	2			8		8
十年	1637	3			2		2
十一年	1638	4			7		7
十二年	1639	6	1	2	22		24
十三年	1640	9	12	27	204	4	224
十四年	1641	8	7	11	118	4	127
十五年	1642	8	3	3	10	2	17
十六年	1643	5	1	1	2		5
十七年	1644	7	3		16		18
合计		73	37	50	416	14	475

2. 崇祯年间寒冷事件与北半球寒冷期一致

明朝灭亡前后约 70 年，太阳黑子消失。那时候欧洲出现小冰河时期，中国则气候突变，天灾令农作物失收。一些学者认为：“若非明朝末年天灾，农民不会因小事而造反。天灾同样在满洲出现，迫使满洲人四处讨伐，既为土地也为食物。”他们相信，在复杂的政治氛围外，太阳黑子引发的气候剧变，是促使明朝政治剧变的幕后原因之一。盛世时必定风调雨顺，例如唐朝初期；但朝代衰亡前气候恶劣，雨水少，饥荒连连，令反抗一触即发。是不是太阳黑子减少导致寒冷爆发，尚不足为凭，但是，寒冷事件与北半球寒冷期是一致的似乎已成定论（图 4-10）。

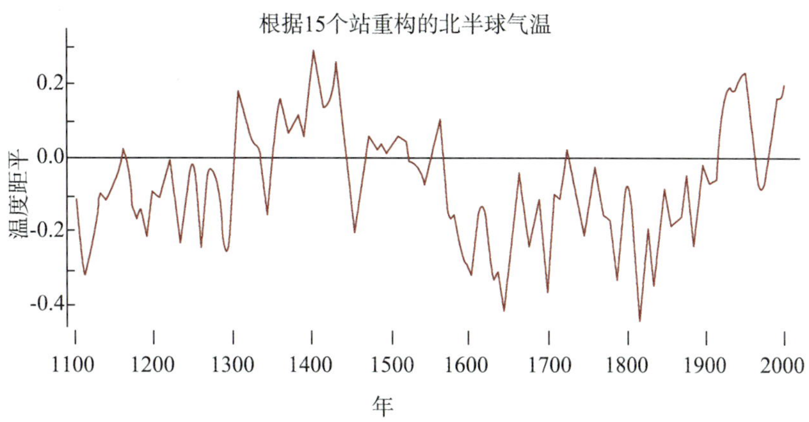

图 4-10　北半球 6～8 月气温系列 20 年滑动平均(Buntger et al.,2017)

4.2.2　气候变化与帝国兴衰关联

1. 气候变化导致农业减产灾害频发

气候温暖的时期就容易形成繁盛的历史朝代。这主要是因为生产力极为原始的自然经济条件下,温暖的气候带来了农业的丰收,造就了国力的昌盛。在中国古代,生产力低下,几乎都是“靠天吃饭”,而建立在农耕文明之上的各个历史朝代也直接受到气候的影响。

例如,明朝的小冰河时期,气温寒冷导致粮食产量骤减,因北方气温降低也促使南方大规模降雨,进而引发全国性的灾害(图 4-11)。

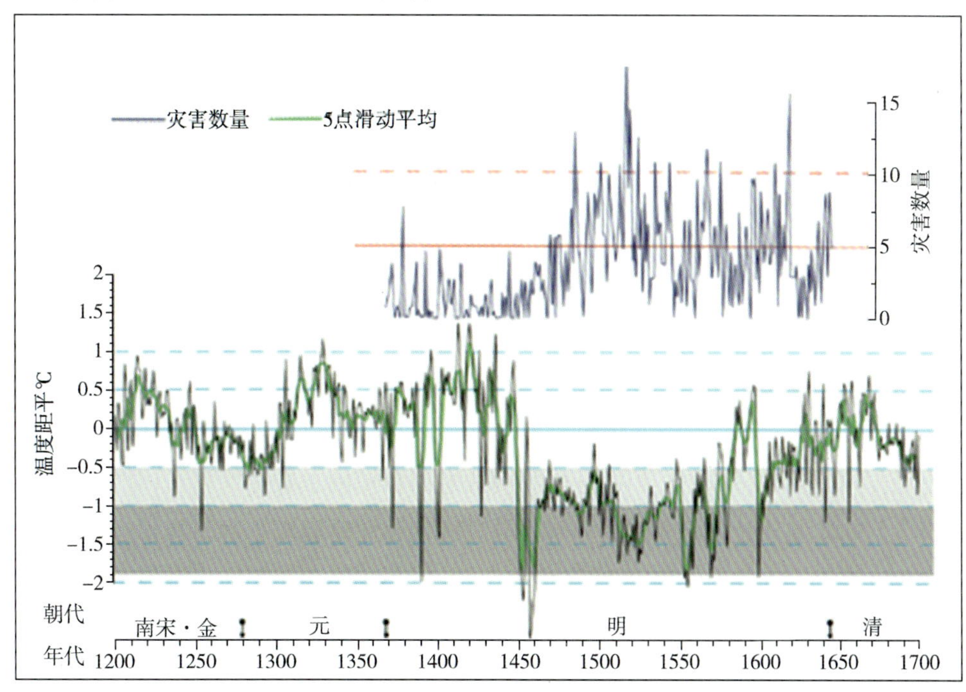

图 4-11　明代华南地区自然灾害发生次数与气温对比(Tan et al.,2003;王双怀,1999)

当时的平均气温远低于现今，夏季的旱涝灾害相继发生，冬季严寒霜冻天气影响到整个北方地区，甚至波及东部沿海和福建、广东地区。

2. 西汉至五代的朝代更替与灾害密切相关

从竺可桢写的中国气象史的资料中，四次小冰河期正对应着中国历史上的几次大规模社会动荡，二者有着密切关系。殷商末期到西周初年是第一次小冰河期，东汉末年、三国、西晋是第二次小冰河期，唐末、五代、北宋初是第三次小冰河期，第四次小冰河期出现在明末清初（图 4-12）。

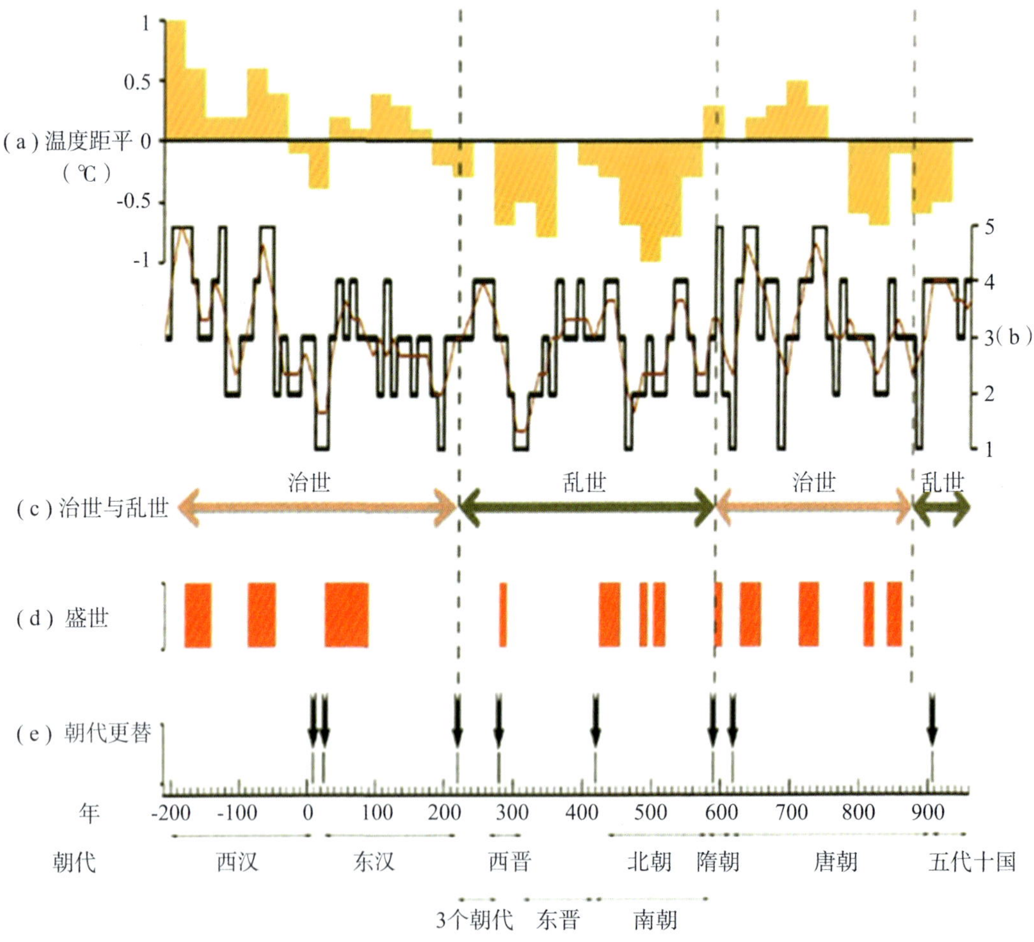

(a) 中国东北冬半年温度距平；(b) 中国农业丰歉等级（1～5 级分别表示：歉收、偏歉、一般、偏丰、丰收）；(c) 历史朝代治乱交替；(d) 盛世；(e) 朝代更替（尹军等，2014）

图 4-12 西汉至五代（公元前 210 年—公元 960 年）的朝代更替与灾害

这对当时本就低下的生产力造成了不可估量的灾难。粮食大量减产，社会剧烈动荡，间接加速了王朝的衰落。这种现象可以用粮食作物的生长环境来解释。当气候适宜，适合农作物的生长，耕地面积也在扩大，此时粮食产量增高，人民的物质生活得到保障，“仓廪实而知礼节”。但是，当气候转到寒冷时期，粮食不充足，饥荒和社会动乱随之而来，很容易引起政权的更迭，战争灾害也使大量人口锐减，造成社会的停滞不前。

3. 气候变化下游牧与农耕文明的碰撞

气候的寒冷期和温暖期在中国漫长的历史进程中彼此交替。历史资料记载，这两种不同的气候条件也对应着北方游牧民族小规模进犯和大规模南下侵略中原的交替。

在温暖期，农耕文明下的王朝社会比较繁荣稳定，整体国力相对较强。北方游牧民族因牧草生长较好及生活环境较为稳定，对南侵的需求相对较少。而在气候寒冷期，牧草的生长环境大为改变，生长态势不断南移。北方游牧民族为了生存，必然随草原的南移而大规模南下。同时，干冷的气候也使汉族的农业生产遭到破坏，常常是"赤野千里，颗粒无收"。人民生活困难，社会矛盾尖锐，政局动荡，大大降低了抗御游牧民族南下的能力，使北方游牧民族与南方农耕文明不可避免地爆发战争与冲突，影响着朝代的历史发展进程。

严寒也葬送了罗马帝国。公元 26 年(东汉建武二年)气候开始转冷，我国北方匈奴人首受其殃："赤地千里，草木近枯，人畜饥疫，死耗大半。"公元 374 年，匈奴人西进求生，越过伏尔加河进入欧洲。当时中欧与北欧气候寒冷，冬降大雪，夏天果树无果。在了无生计的背景下，又受到这些强悍善战的匈奴人威胁，于是金发碧眼的日耳曼族群纷纷西迁，然后南下进入罗马境内。曾经不可一世的罗马帝国于公元 476 年走向灭亡。

4. 气候变化的非决定性影响

朝代的变迁受气候变化的影响，但是气候也只是其中一个重要因素而已，还包含着各种社会因素(如吏治腐败，统治阶层自下而上碌碌无为)，气候因素和社会因素相综合才是社会发展的主要推动力。在气候面前，人们应该做的是如何去应对。

参考文献

[1] 陈莎，刘倩，贾玉连，等. 气候环境驱动下的中国北方早期社会历史时空演进及其机制[J]. 地理学报，2017，72(9)：1580－1593.

[2] 方修琦，萧凌波，苏筠，等. 中国历史时期气候变化对社会发展的影响[J]. 古地理学报，2017，19(4)：729－736.

[3] 何晋娜. 冲绳海槽南部 7 000 cal. yr. BP 年以来的硅藻及冬季海水表层温度的重建[D]. 上海：华东师范大学，2013.

[4] 胡进，陈沈良，胡小雷，张林，谷国传. 气候变化影响下苏北海岸的塑造过程[J]. 上海国土资源，2013，34(2)：41－47.

[5] 黄镇国，张伟强. 中国热带珊瑚礁的第四纪气候记录[J]. 热带地理，2008，28(1)：11－15.

[6] 栗月静. 低温改变世界[J]. 作文与考试：高中版，2010，22：26－28.

[7] 满志敏. 唐代气候冷暖分期及各期气候冷暖特征的研究[J]. 历史地理，1990，2：1－15.

[8] 梅衍俊. 南海砗磲记录：海表温度及气候环境变化[D]. 合肥：中国科学技术大学，2018.

[9] 聂宝符，陈特固，梁美桃，等. 近百年来南海北部珊瑚生长率与海面温度变化的关系[J]. 中国科学，1996，26(1)：59－66.

[10] 聂宝符，陈特固，彭子成. 由造礁珊瑚重建南海西沙海区近220年海面温度序列[J]. 科学通报，1999，44(17)：1885－1888.

[11] 裴卿. 历史气候变化和社会经济发展的因果关系实证研究评述[J]. 气候变化研究进展，2017，13(4)：375－382.

[12] 邵达，晏宏，王玉宏，孙立广. 砗磲高分辨率Sr/Ca温度计：3种物种的对比分析[J]. 中国科学技术大学学报，2012，42：1－9.

[13] 王楠. 探究气候变化与帝国兴衰关联[J]. 文化创新比较研究，2017，(35)：11－12.

[14] 王绍武. 全新世气候变化[M]. 北京：气象出版社，2011.

[15] 王双怀. 明代华南的自然灾害及其时空特征[J]. 地理研究，1999，18(2)：152－157.

[16] 温孝胜，涂霞，秦国权，等. 南沙群岛永暑礁小泻湖岩心有孔虫动物群及其沉积环境[J]. 热带海洋学报，2001，20(4)：14－22.

[17] 吴永红. 论唐代气候的变化及其影响[D]. 福州：福建师范大学，2012.

[18] 殷淑燕，刘静. 明崇祯年间"人相食"事件时空特征、原因与影响研究[J]. 干旱区资源与环境，2019，33(8)：70－76.

[19] 尹军，罗玉洪，方修琦，苏筠. 西汉至五代中国盛世及朝代更替的气候变化和农业丰歉的背景[J]. 地球环境学报，2014，5(6)：401－409.

[20] 赵焕庭，温孝胜，王丽荣，等. 南沙群岛泻湖沉积$\delta^{18}O$记录1670a来的温度变化[J]. 热带地理，2004，24(2)：103－108.

[21] 赵云. 冰岛北部陆架末次冰消期从来古环境记录及其海洋环境演变[D]. 上海：华东师范大学，2015.

[22] 中国科学院地球物理所.《地磁、大气、空间研究及应用》[M]. 北京：地震出版社，1996.

[23] 竺可桢. 中国近五千年来气候变迁的初步研究[J]. 考古学报，1972，(1)：15－38.

[24] 訾威，杜正乾. 气象科技史视野下的社会变迁——《中国历朝气候变化》评介[J]. 自然科学史研究，2014，33(3)：365－373.

[25] Algeo T J, Ingall E. Sedimentary C_{org}: P ratios, paleocean ventilation, and Phanerozoic atmospheric pO_2 [J]. Palaeogeography, Palaeoclimatology, Palaeoecology, 2007, 256(3): 130－155.

[26] Berner R A, Beerling D J, Dudley R, et al. Phanerozoic atmospheric oxygen

[J]. Annual Review of Earth and Planetary Sciences,2003,31:105—134.

[27] Berner R A. A combined model for Phanerozoic atmospheric O_2 and CO_2 [J]. Geochemica Et Cosmochimica Acta,2006,70: 5653—5664.

[28] Schachat S R, Labandeira C C, Saltzman M R, Cramer B D, Payne J L, Boyce C K. Phanerozoic pO_2 and the early evolution of terrestrial animals[J]. Proceeding of the Royal Society Biological Science,2018,285: 20172631.

[29] Tan M, Liu T, Hou J, et al. Cyclic rapid warming on centennial — scale revealed by a 2650 — years talagmite record of warm season temperature[J]. Geophysical Research Letters,2003,30(12):1617—1620.

[30] Trujillo A P, Thurman H V. Essentials of Oceanography(12th edition) [M]. Prentice Hall,2014.

[31] U. S. News& World Report,1992—06—05.

[32] William F Allman,Betsy Wagner 著,梁文举,孙玉芳译. 气候与人类起源[J]. 世界科学,1992,(5):29—32.

第5章 海洋的沧桑之变

桑海沧田，很多遗迹都被掩盖在历史的风沙中，不知所踪。但是有时候你会发现它可能就在你的身边，甚至就在你的脚下。

5.1 何谓海洋的沧桑之变?

5.1.1 海退与陆出

在历史的长河中，深度浅于200 m的海洋，几次水退而导致陆地出现，沧海变为桑田；几次又重新被万顷波涛所淹没。这种海陆交替出现的现象，就叫做海洋的“沧桑之变”。

我国古代很早就有人提出关于海陆变迁的观点。晋葛洪写的《神仙传》一书中记载，麻姑对王方平说：自从我们上次会见之后，东海已经三次变为桑田。后来一般把大的海陆变迁叫“沧海桑田”。

宋代著名的科学家沈括，在出使河北行经太行山北麓时，于山崖间看到了横亘于石壁剖面上的螺蚌壳和卵石的带状堆积物(图5-1)。根据这一事实，他在《梦溪笔谈》一书中写道：“此乃昔之海滨，今东距海已近千里，所谓大陆者，皆浊泥所湮耳。”他由此推断，古时海岸线在当今河北与山西交界的太行山一带。这是世界科学史上关于海陆变迁的较早记述。

图5-1 沈括在太行山北麓考察

现在，我们首先谈谈人类是怎样知道海洋的沧桑之变的。

例如，在山东省泰山脚下的纹河岸

边有一个村镇，发现当地石头中含有像“蝙蝠”一样灰色的东西，人们称之为“蝙蝠石”。经过鉴定，才知道石头中根本不是蝙蝠的尸体，而是三叶虫的化石。原来在五亿多年前，这里曾是一片苍茫的碧海。三叶虫是当时海洋中一种重要的动物，种类繁多，盛极一时。它们在海中优哉游哉，一直生活到两亿多年前，后来才渐趋绝迹，但是它们的尸体变成了沉积岩中的化石。

巨大的变化有时也发生在沧海之中。世界第一高峰——珠穆朗玛峰，就是由过去的喜马拉雅海演变而来的。那里曾经有过四次海侵和海退，经历了多次沧桑之变。一直到一亿八千万年前，那里仍然是极目浩瀚的喜马拉雅海。距今 7 000 万年—400 万年前，喜马拉雅山才横空出世，高出海平面 8 844.43 m！直到现在仍然在缓慢地上升。

1960 年，我国登山队登上了 8 000 m 以上的希夏邦马峰。希夏邦马峰在我国西藏境内，是世界上十四座 8 000 m 以上高峰中唯一未被人征服过的处女峰。这次登山活动，在希夏邦马峰发现了生动的鱼龙化石。鱼龙是一种凶猛、善游、巨大的海洋动物，体长有十多米，四肢呈桨状，尾巴强而有力(图 5-2)。根据埋藏的地层性质推断，它大约生活在 2 亿多年前，那时包括希夏邦马峰在内的整个喜马拉雅山地区都是一片辽阔的大海，鱼龙遨游其中，悠然自得。

图 5-2　鱼龙

5.1.2　世界陆海之间沧桑之变

海洋沧桑之变的主要原因是地球上曾经几次出现持续冷(冰期)、热(间冰期)的气候现象。在寒冷时期，海水蒸发后上升，在上空变成冰晶而以云的形态出现。它降到陆地上成为雪，万年积雪受挤压后就变成大陆冰川的冰。由于它是固态，流动速度缓慢，短时间内很难再回到海洋。因此，随着大陆冰川的发育，海水的绝对量减少，导致海平面下降。

1. 大冰期海平面下降 120 m

海平面下降 120 m，世界地图将发生显著改变（图 5-3）。

对我国而言，台湾岛和海南岛将连在一起，各大沿海城市皆变成内陆城市，渤海、黄海、东海皆成陆地。

日本四个岛屿将连在一起，并与库页岛、韩国相连；日本海变成孤立的内海，东南亚的国家也连在一起。阿拉伯半岛将与非洲相连，红海就此封闭。

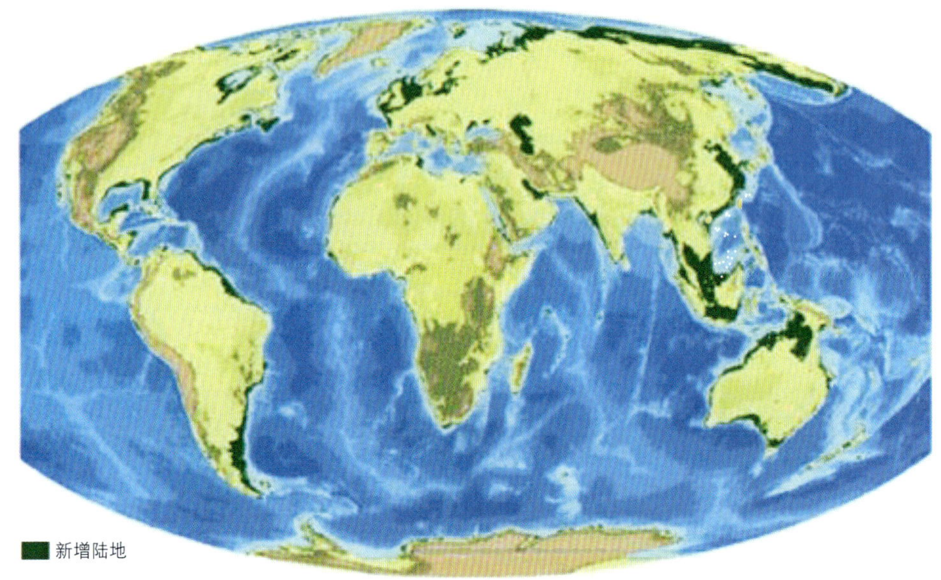

图 5-3 海平面下降 120 m 增加的陆地

欧洲变化也较大，波罗的海与北海将消失，黑海最终成为内湖。英国和法国相连，意大利的陆地延伸将地中海分成两半。北欧与俄罗斯北部将露出大片陆地。

非洲将变化较小，只是沿海陆地稍有扩大而已。大洋洲新西兰的南岛与北岛将连为一体；塔斯马尼亚、伊里安岛与澳大利亚连在一起。

北美洲东部将生出大片陆地。格陵兰与加拿大北部相连，从而结束孤岛的命运。阿拉斯加与俄罗斯不再隔水相望，北美与欧亚大陆成为一体。南美洲阿根廷的东部将增加大片陆地。

2. 南极冰全部溶解，海平面将上升 61 m

世界上的冰山主要集中在南极，这里几乎占据了全球 90%的冰川以及全球 70%的淡水，南极冰层的平均厚度超过 2 100 m，如果这么大体量的冰山全部放入海洋中，那么全球海平面将上升 61 m。

(1) 中国地图如何变化

中国的沿海地区，海平面普遍偏低。若海平面上升 4 m，上海市开始沉没，江苏省部分地区沉没；上升 8～9 m，安徽省、天津市受到威胁；若海平面上升 13 m，上海市、江苏省基本沉没；若海平面上升 20 m，山东省被切成两半，湖北省受到威胁，北京市也受到影响;若海平面上升 30 m,华东地区基本沉没;若海平面上升 35 m,山东省变成岛屿,武汉市也开始沉没;若海平面上升 50 m,山东省成为两个岛屿,武汉市沉没;若海平面上升 70 m,石家庄市沉没,河北省大部分地区成为泽国(图 5-4)。

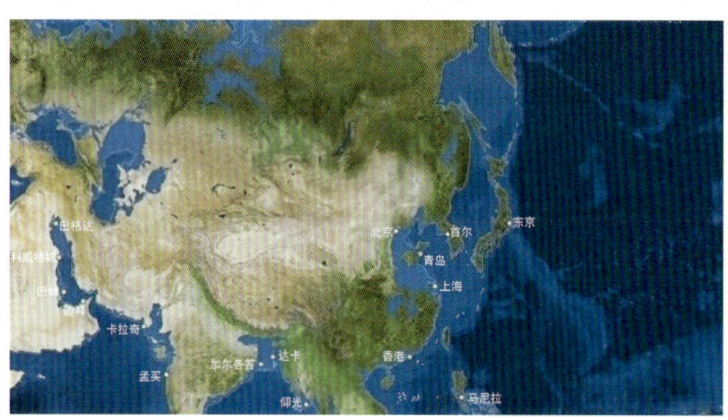

图 5-4　海平面上升 61 m 之后中国及周边被海水侵入的陆地范围

(2) 世界海陆如何变化

若海平面上升 61 m,孟加拉国几乎完全被淹,印度的海岸线缩短,而东南亚许多国家将失去一半的国土。

美国东海岸的大片区域会被淹没,包括纽约、休斯敦、迈阿密、新奥尔良和华盛顿(图 5-5)。佛罗里达州和墨西哥湾地区完全沦陷。旧金山的山峰变成岛屿,圣地亚哥将从视野中永远消失。

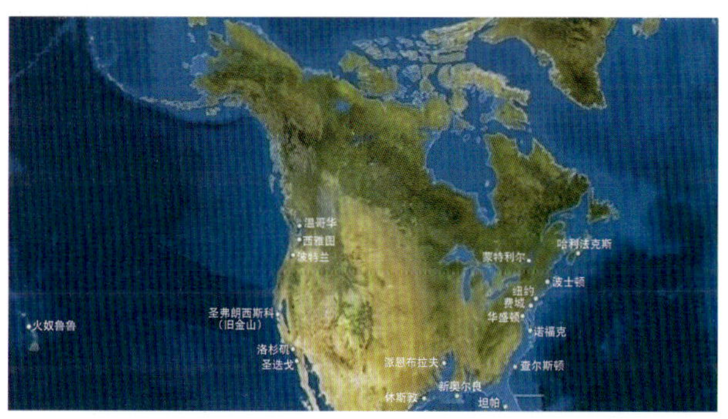

图 5-5　海平面上升 61 m 之后北美洲被海水侵入的陆地范围

英、法、德作为欧洲三大强国,几乎都会失去半壁江山(图 5-6)。

图 5-6　海平面上升 61 m 之后欧洲被海水侵入的陆地范围

没有排放多少二氧化碳的非洲，即便海平面上升 60 多米，陆地范围亦将几乎没有改变。

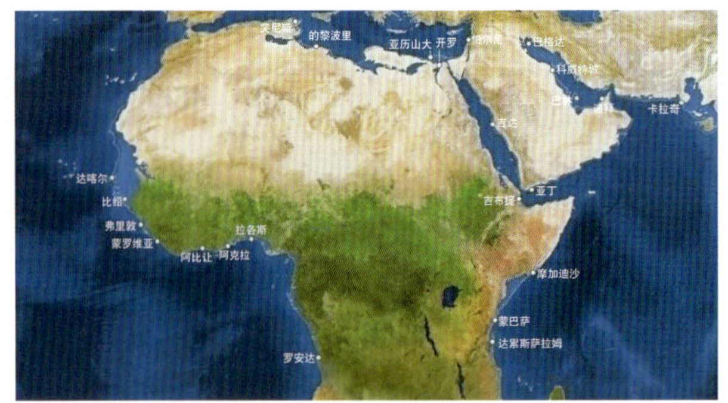

图 5-7　海平面上升 61 m 之后非洲被海水侵入的陆地范围

3. 南北极冰全部溶解，海平面上升

马丁・瓦基克，斯洛伐克的平面设计师，构想出南北极的冰川全部融化，2×10^{8} km^{3} 的水注入海洋后地球的样子。

图 5-8 中白色部分是海水淹没的区域：英国的国土将消失一半，不见的城市有伦敦和莱斯特。荷兰和丹麦大部分将消失。地中海的面积会扩大，吞并里海和黑海。阿姆斯特丹将完全位于水下，深入内陆的地区如德国的柏林也不能幸免。

世界上超过 75％的人口居住在海拔 100 m 以下的地方，包括绝大部分的城市。南北极冰全部溶解，世界上超过 75％的人口必须背井离乡，撤向内部高地。

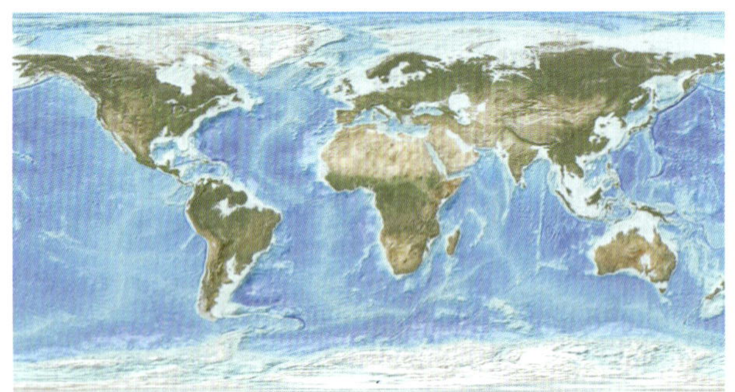

图 5-8　极冰溶解之后的海平面

4. 末次冰期的海平面变化

距今最近一次的冰川期，科学家们称之为新生代第四纪大冰川期，距今约 200 万年。

(1) 世界海平面变化

末次冰期的中心位于北美洲及欧亚大陆的大片大冰原地区。阿尔卑斯山、喜马拉雅山及安第斯山脉也都被冰所覆盖，南极依旧是结冰状态。加拿大及美国北部几乎都是冰。斯堪的纳维亚冰盖一度到达不列颠群岛、德国、波兰及俄罗斯，并向东延伸至泰梅尔半岛。

在冰期出现的年代，海平面下降，而在间冰期，海平面则相对上升(图 5-9)。

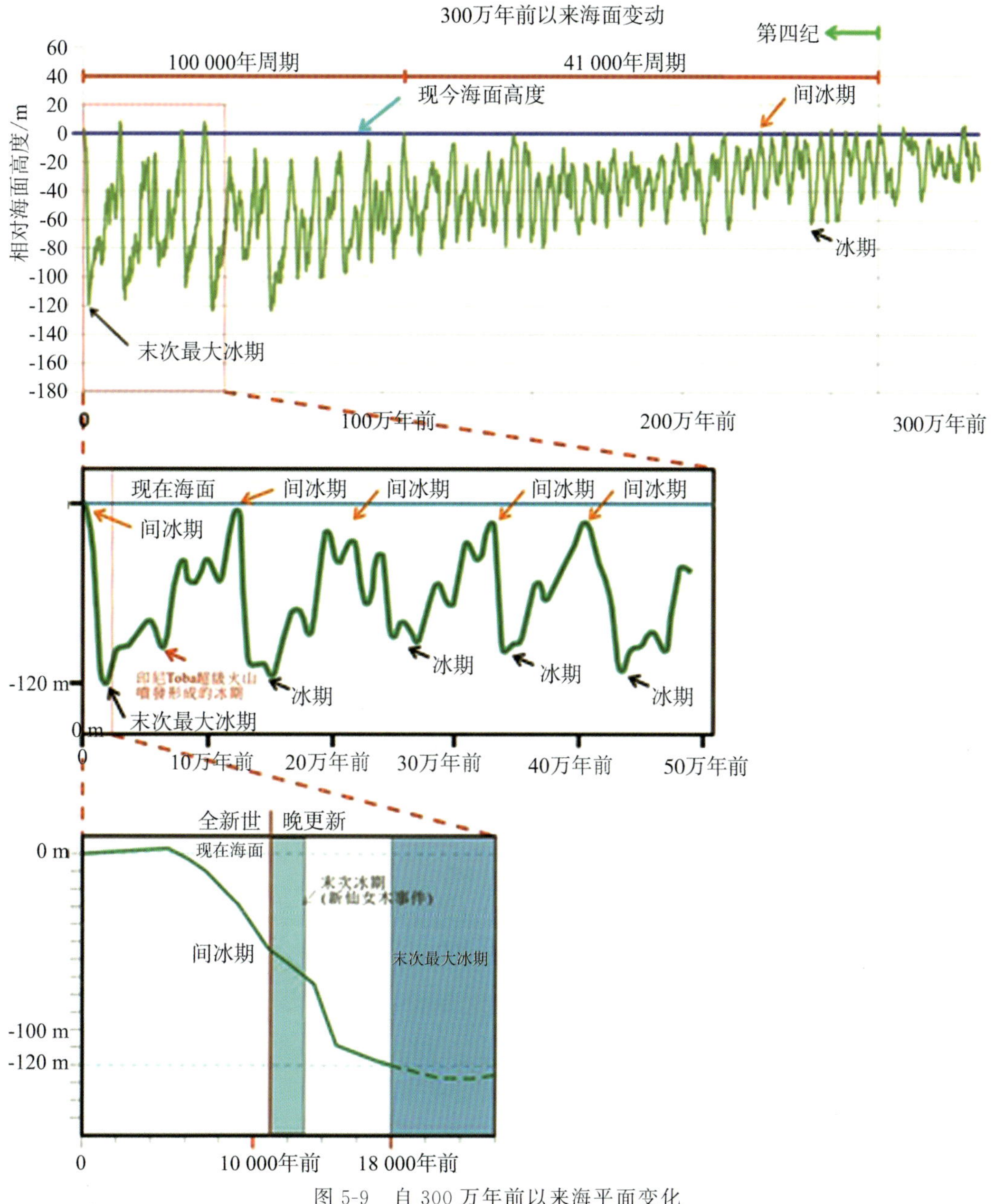

图 5-9　自 300 万年前以来海平面变化

（2）西太平洋海平面变化

根据新几内亚海成阶地珊瑚礁台和深海钻孔岩心氧同位素阶段的对比研究，14 万年以来，最高海平面出现在 12 万年前，和现在的海平面相当。而后，海平面下降，在 10 万年前、8 万年前、6 万年前和 3 万～2.5 万年前有 4 次短期上升，但是始终低于现在的海平面：在 6 万年前为－11～－24 m，在 4 万年前为－21～－40 m，在 3 万～2.5 万年前为－20～－67 m。在 1.8 万年前，海平面降到最低，约在现在的海平面之下－85～－145 m，与 14 万年前的最低海平面相当。由于它是距今最近的一次冰期，科学家称之为"末次冰期",又称"玉木冰期"(图 5-10)。从其他研究者的文章证实,25 万年前再一次达到海平面最低,约 10 万年的周期。

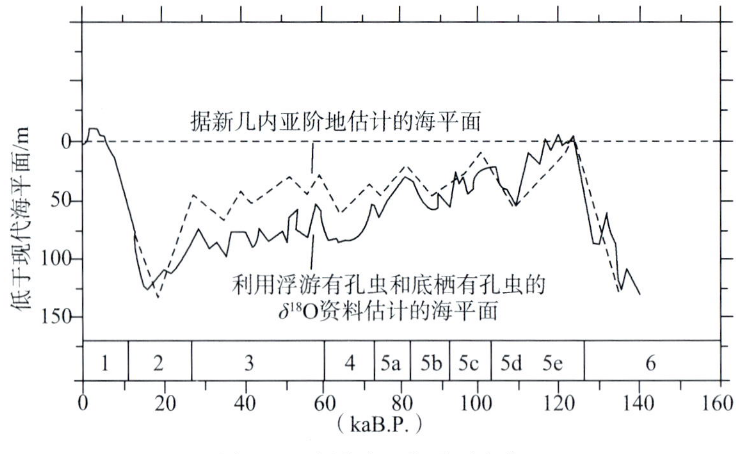

图 5 10　新几内亚海平面变化

(横坐标上 1、2、3、4、5、6 为深海氧同位素阶段)

(Shackleton,1986;曹伯勋等,1995)

5.1.3　中国海沧桑之变

我国海岸线北从鸭绿江口起,南到北仑河口止,长达一万八千多千米。由于山脉走向的关系,钱塘江以南多为石质海岸,钱塘江以北多为沙质海岸。不过,我们现在所看到的我国海岸线和内陆地区,在远古时代却不是这样,它与世界上其他地方的海岸线一样,经历了沧桑之变,并且继续处在不断变化之中。水与陆作为地球表面互相依存又互相对立着的一对矛盾,永远处于此消彼长、此长彼消的变化之中。有时江海横溢,万顷平原成泽国;有时水退陆出,千里波涛变沃野。我国富饶的江汉地区,在古代是"云梦泽",是一片汪洋的世界。后来,水体消退,只残留下一些湖泊和弯曲的河流,例如汉江,人们常说"曲莫如汉"就是指的它。

1. 几亿年之前

现在我们已经知道,大约在五六亿年以前,中国陆地是下沉的。当时我国大部分地区为海水所浸没,只有华南和秦岭一带是陆地,还有天山南北的塔里木盆地和准噶尔盆地。当时海洋中生长着极多的三叶虫。过了约一亿年之后,地壳发生变动,我国北方隆升为陆地,而南方仍然是海洋。

三亿多年前,中国陆地再次下沉,但是,却不是上一次的简单重复。我国南方海洋中的沉积物越来越厚,在低洼的地方生长着巨大的羊齿类植物。之后海洋渐渐退入我国北部,不久又发生了一次猛烈的造山运动,塔里木和准噶尔就由海水包围的"孤舟",变为群山环抱的盆地。经过这次变动以后,我国大陆再没有深洋了,只有许多内海和湖沼。

到了一亿三千多万年前，我国北部又发生了一次强烈的地壳变动，叫“燕山运动”。我国东部隆起带和沉降带基本上就是这时形成的。河北省西部的边界升起东北—西南走向的太行山脉，东部相应的断层下陷为海水所淹浸，海岸线一直达到山麓地带。由此可见，沈括的发现是确有道理的。

10 万年对人类历史来说是相当漫长的，但在地球历史的长河中，只不过是短暂的一瞬间。

2. 10 万年以来

（1）沧州海侵

大约距今 10 万～7 万年前，气候进入温暖阶段，冰川消融，大洋水量增加，海面不断上涨，浩瀚的黄海诞生了。那时候的黄海海域比现在要大得多，海水到达沧州以西的谢官厅附近，因此，地质学家命名此次海侵为“沧州海侵”（图 5-11）。山东以南的苏北平原也成了波涛汹涌的海洋世界。

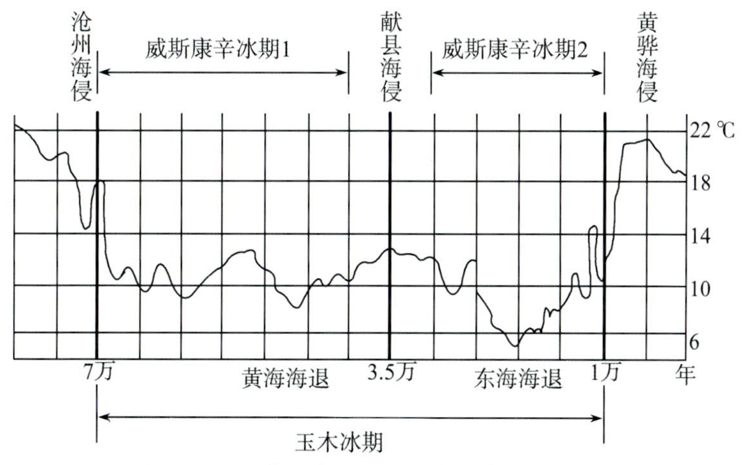

图 5-11　7 万年以来地球上几次变冷和变暖阶段

（2）海退

在 7 万～4 万年前阶段，即大理冰期早冰阶，中国东部发生全面的海退，海平面普遍下降，黄海海岸线位于－75 m 处，东海的海岸线在－100 m 左右，称为“黄海海退”。而渤海露出大面积陆地，形成了陆相沉积。也有学者只将 4.7 万年前那段时期的海退称为“黄海海退”。

（3）献县海侵

在 4 万～3 万年前，全球气候温暖湿润，中国东部沿海地区发生了大范围的海侵过程，海面的上升使当时的海岸线到达现在河北省献县一带，因而此次海侵被称为“献县海侵”。徘徊于东海东部的海水，又重新涌入黄海平原，黄海又呈现一派烟波浩渺的景象。

（4）东海海退

在 3 万～1 万年前的时期，为末次冰期最强盛时期，在中国称为“大理晚冰期”。这个时期的早期，海平面急速下降，在 1.8 万～1.5 万年前，中国东部海平面降至最低，海岸线位于－150～－160 m。渤海和黄海露出海面，长江向东推进了约 600 km，曹伯勋等称之为“东海海退”（图 5-12）。

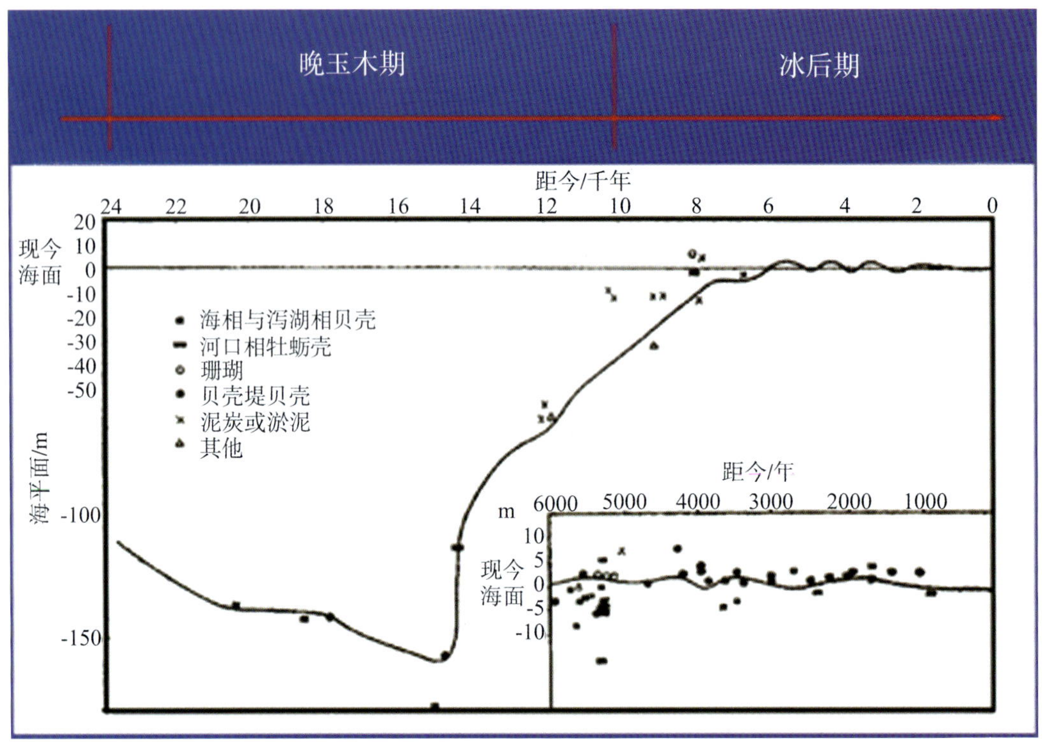

图 5-12 中国东部 2 万年来海平面变化曲线（赵希涛等，1992）

北半球冰盖一直从北极延伸到北纬 40°，在北美洲冰盖一直延伸到内华达山，北欧当时完全被冰盖覆盖，冰盖最远覆盖到当时的英国、德国和俄罗斯。据估计，冰期时全球有 1/4～1/3 的陆地面积被冰川覆盖（而现代仅有 11%）。当时世界上几座大的山脉如喜马拉雅山、阿尔卑斯山、安第斯山都被巨大的冰盖和冰川覆盖。

当时我国的情况与西亚类似，太白山、庐山、长白山等山地被冰川覆盖。黄海海水退缩到东海东部和太平洋。

我国的海洋温度下降 6℃～8℃，而位于北极圈内的格林兰可能比现在的温度低 20℃。

原来的汹涌黄海再次一马平川，这是黄海及我国东部海域下降规模最大的一次。古黄河、古长江在平原上纵横奔流，形成巨大的三角洲，呈现了一派天苍苍、野茫茫的草原风光。哺乳动物和古人类也栖息在“黄海平原”上。

东海海底的大部分都裸露成陆地，整体裸露的面积超过百万平方千米，如此巨大的滨海平原成为亚洲大陆的一部分。渤海海底出露，在古风暴的吹蚀之下，变为一片沙漠，一望无际的黄沙延伸着，直到天边，荒凉且寂静。草本植物有白茅、蒲公英、紫花地丁、苜蓿、苍耳、野苋、平车前、藜和蒿类。低洼地的湿地植物有芦苇、菖蒲、水蓼、红蓼等，成片地生长，茫茫然然。此外，还有丛生的低矮灌木和依岛而生的针叶林。

台湾海峡曾露出海面成为陆地，东部沿海大陆架大部分露出水面，从中国到今天的日本，完全可以“步行”过去(图 5-13)。

图 5-13　末次盛冰期中国海海岸线

从寒风刺骨的茫茫冰原，到温暖湿润的一片汪洋，只不过用了一万多年。那一次，地球像是在生病“打摆子”，“体温”稍稍变化了一些，就让我们最熟悉的我国东部沿海地区经历了一次“沧海桑田”的剧变。

末次冰期的到来，让猛犸象等地球新霸主逐一登场，同时也在地球表面留下了它的“脚印”——硬黏土层。

“由于冰期很冷，所以沉积的泥土也非常致密，硬黏土层也就成为地质学上末次冰期的标志。”在我国东部沿海地区，向下挖 10 m 或更深一点就有可能探到硬黏土层。

(5) 黄骅海侵

研究显示，距今约 7 000 年前，我国东部海平面上升到最高水位。当时的海平面比现在高 2 m 左右。海侵的最大边界达到了渤海湾西岸。环渤海西部的津冀鲁地区，除鲁中泰山之外，进侵的海水达到德州—沧州—唐山一线。若从现代岸线起算，海水最远进侵约 140 km。

现在的长江三角洲地区，北至江苏省连云港，南至浙江省杭州等地，多被海水淹没。在如今的扬州、镇江地区，就已是长江的出海口，而上海在那时只是“海上”一隅(图 5-14)。

图 5-14　7 000～5 000 年前海岸线位置

到距今约 6 000 年前，海平面开始回落，形成现在的长江三角洲。有趣的是，科研工作者在江苏昆山地区发现一种 7 000 年前的牡蛎，它紧密、竖直地埋藏在地下 2～3 m，体长超过 0.5 m，年龄达百岁以上。这说明，温暖的气候和海洋环境对生物生长产生了明显的影响。

3. 地理印记

（1）贝壳堤

沿着中国漫长的海岸线行走，你往往会和某类“不一样的风景”相遇——形形色色的古海岸遗迹。一万多年以来，冰川融冻、河流造陆、新构造运动和人类活动都在“改写”着海岸线。1937 年，中山大学吴尚时在广州东南郊发现七星岗古海岸海蚀平台遗迹，它如一部“断代史”，揭示了珠三角曾为沧海的往事。若是要寻找大海的“史记”，贝壳堤无疑是最典型的“笔法”——它是一种特殊的滩脊，绵延几公里至近百公里不等，主要由沙和贝壳物质组成，在一段时间内海平面相对稳定的情况下形成，被公认为古海岸线的标志。20 世纪 50 年代，有数千年历史的渤海湾天津贝壳堤群被发现，这是海陆变迁的最好佐证（图 5-15）。

图 5-15　天津贝壳堤

这个“家族”是在几千年来渤海海平面小幅波动、下降以及沿海地带不断推进成陆过程中形成的。据考证，第一道贝壳堤大约在大港区沈青庄至河北黄骅市苗庄一线，距今 5 100 年；第二道贝壳堤分布在张贵庄至巨葛庄一线，距今 3 300 年；第三道贝壳堤距今 2 400 年；第四道贝壳堤则只有几百年的历史(图 5-16)。若不是它们的“铁证”，漫步在繁华的天津滨海新区，面对林立的高楼与如潮的车流，实在难以想象这里曾是一片汪洋。东海陆架外缘亦有数道贝壳堤，最深的一道甚至在海平面下一百多米。此外，还有苏北滨海平原上数道贝壳堤和纵贯上海西部的“冈身”等。

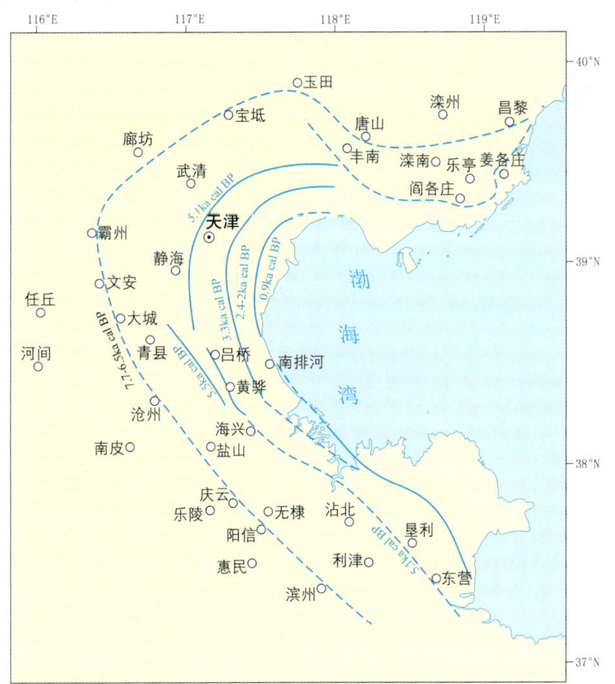

图 5-16　渤海西海岸全新世海陆变迁(商志文，2018)

(图中实线为贝壳堤位置示意；7 700 年—6 500 年标识的虚线大体为黄骅海侵)

(2) 黄土的海岸

在冰期时,渤海是位于亚洲大陆中部的内陆盆地,距海有数百公里远,东南有辽东半岛、庙岛群岛和山东半岛山丘的阻挡,夏季东南季风影响微弱,全年雨量稀少,在西风区作用下,经历地形再造和物质分异过程。渤海海底的松散沉积物为沙漠的发育提供了充足的物质基础。

黄土是冰期干冷气候条件的产物,主要分布在沙漠外围顺风向处。在某些主风道上,高速运动着的寒潮气流会掀起海退后留下的松散沉积物,形成沙尘暴的高发期。在渤海周边,黄土分布于辽东半岛南部的盖县到大连一线,庙岛列岛及山东半岛北岸的蓬莱等地(图 5-17)。黄土以坡积形式存在,向渤海一侧发育好、厚度大,远离渤海的黄土发育薄而少。黄土来源于渤海中的沙漠,并非来自中亚或西北的沙漠。这由黄土的粒度和矿物成分可以证明:本区黄土的粒度都粗于西北黄土。如大连黄土中值粒为 49 μm,细砂成分占 30%以上;而洛川黄土中位粒径为 13 μm,细砂成分小于 10%。

图 5-17　山东蓬莱林格庄漫长的黄土海岸

从宏观来看,在冰期海退时期,南北长山岛和蓬莱林格庄皆为海底的黄土堆积区。后来因黄土容易被侵蚀,逐渐被海水冲掉而成为今日所见的海峡了。即使在 50 年前的长岛也是到处可见黄土堆积的岛屿,林格庄一带即蓬莱西庄以西的海岸仍旧是我国仅存的一段黄土海岸。近几十年来黄土海岸已后退了几十米,若以每年后退 1 m 计,经过 8 000 年的冲刷,足以使渤海南岸的黄土后退几千米。

5.2　沧桑之变与文化变迁

5.2.1　史前文化的截止与海侵的时间相吻合

经过对黄河中下游史前文化遗址的梳理发现,若干个史前文化的截止与海侵的时间相吻合,后李文化(遗址位于淄博临淄区齐陵街道后李官村西北约 500 m 处,距今

8 200～7 800 年，典型代表是该时期的陶器）、磁山文化（遗址位于河北省南部武安市磁山村东约 1 km 处，距今约 10 300 年，出土了 6 000 余种陶器、石器、骨器、蚌器、动物骨骸、植物标本等，为寻找中国更早的农业、畜牧业、制陶业的文明起源提供了可贵的线索）、裴李岗文化（遗址位于河南省新郑市西北约 8 km 的裴李岗村西，距今约 8 000 年，出土典型器物有锯齿石镰、条型石铲、石磨盘、石磨棒）、彭头山文化（遗址位于湖南省澧县大坪乡平原中部，距今 8 200～7 800 年，出土文物中大多数都是打制石器，既有大型砾石石器，也有黑色细小燧石器）、跨湖桥文化（遗址位于浙江省萧山城区西南约 4 km 的城厢街道湘湖村，距今 7 000～8 000 年，出土有大量的陶器、骨器、木器、石器以及人工栽培的水稻等），都在公元前 7000 年左右这个洪水记录值最高的海侵时段消失，取而代之的是位于海拔较高且时间上从海侵以后开始的北辛文化（遗址位于山东滕州市，距今 7 300～6 300 年）、仰韶文化（遗址位于河南省渑池县仰韶村，距今 7 000～5 000 年）、河姆渡文化（遗址位于浙江宁波余姚的河姆渡镇，距今约 7 000 年）。河姆渡原始居民已使用磨制石器，用耒、耜耕地，主要种植的农作物是水稻，住着干栏式的房子，过着定居生活（图 5-18）。

图 5-18　河姆渡文化

5.2.2　"东夷古国"的诞生

庙岛列岛像一颗颗珍珠，散落在山东省蓬莱市以北的海洋中。宋代大诗人苏东坡所称的蓬莱仙境"东方云海空复空，群仙出没空明中，荡摇浮世生万象，岂有贝阙藏珠宫"就是指这里。庙岛列岛由南长山岛、北长山岛、庙岛、大黑山岛等 32 个岛屿组成。谁也没有想到在这些错落无序的岛链里，竟隐藏着惊世杰作：一个非常发达的古国的部分风貌，竟从涛光浪影里冉冉升起。由于在商代这里被称为"东夷"地区，我们在此称之为"东夷古国"。

20 世纪 50 年代之后，考古工作者先后在庙岛列岛发现了许多古文化遗迹，包括古村落、古墓群、故城、墩台、摩崖石刻等。出土的珍贵文物有旧石器时代晚期的打击石器、新石器时期的彩陶、龙山文化的蛋壳陶、商周的青铜器、汉代的漆器、唐代的三彩、宋代的瓷器等 1 万多件，其中有许多稀世珍品。

影响最大的应属距今五六千年的黑山北庄母系氏族社会村落遗址。其中，有 46 座半地穴式房屋遗址和两座三四十人的合墓葬以及各个时期的大量遗物，如陶器（鼎、钵、筒形罐等）、石器（石锛、石磨棒、石刀等）和骨器（骨鱼钩、骨鱼叉等）等生产工具（图 5-19）。此外，还有第三纪晚期的乳齿象化石和 1.5 万年前的猛犸象、剑齿象、披毛犀、赤鹿、原始牛、鸵鸟蛋化石等。

原来在 1 万多年前，列岛四周并不是汪洋大海，而是一片大陆，干枯了的湖底在古寒潮的影响下转变为连天的沙漠，堆积了大量海岸黄土。

各种动物在这里徜徉，原始人在这里狩猎生活。后来，由于地球气候转暖，海平面上升，平原慢慢变为沧海。

图 5-19　出土的文物（左）和北庄遗址（右）

海水慢慢占据裸露的海底，所有陆地生物退出原来的家园，原始人只好退居到附近的海岛上面，以农耕的产品来求生存。但是单一的农业活动已不能养活越来越多的人口，渔业和海上交通就相应地得到发展。在发掘列岛上新石器时期的遗址时，获得了大量古代居民用过的渔猎工具，如鱼钩、鱼叉、陶网坠以及用鲍鱼壳制作的鱼刀等。后来在水深 7 m 处发现了一艘已经腐烂了的木船的残船尾和一支残船桨，船舱里还有大量的陶片。初步测定，这艘木船距今 4 000 多年。

再后来，又在南长山岛海底发现了 3 个中国早期的古石锚，距今都有 4000 年以上的历史。最大的一个锚长 1 m 余，重数十千克，可锚定 6 t 左右的船只。特别是一艘拖网渔船拖上来的一件外形完整而造型奇特的陶器，经鉴定是一件距今 3 000 多年前东夷文化的器物。这些历尽沧桑的化石，像一张张远古图书的散页，似乎使人朦胧地看到，庙岛列岛应是“东夷古国”最后一片领土的缩影。它也可能是 7 000 多年前烟台白石文化的一部分（即烟台市芝罘区，因发掘地为白石村而得名）。

5.3　近代海平面变化

5.3.1　温室气体增加

大气中的温室气体在地球历史上曾经有过剧烈的变化，但是从百年尺度来看基本上是处于平衡状态。不过，人类的工业革命破坏了这种平衡。从大约 19 世纪中期开始，人类大量燃烧煤、石油、天然气等化石燃料，将二氧化碳(CO_2)排放到大气里；继而砍伐森林，最终将其燃烧，进一步增加了大气中 CO_2 的浓度。畜牧业的发展、稻田的开发、开矿等人类活动增加了甲烷的排放。现代工业制冷剂等的研制，增加了大气中原本很少或基本不存在的氯氟烃等微量气体。

自十九世纪工业革命以来，大气中 CO_2 含量迅速增加(图 5-20)。据对冰川冰核中空气的分析，1750 年大气中 CO_2 浓度仅为 277×10^{-6}。自 1958 年开始，美国在夏威夷对大气中的 CO_2 浓度进行了 40 多年的连续测定，并在全球建立了一个包括南极极点在内的 20 多个观测站的 CO_2 观测网。其测定结果表明，近几十年来大气中 CO_2 浓度正在迅速增大，1958 年 CO_2 浓度为 312.5×10^{-6}，到 1984 年增至 343×10^{-6}。若按此速度增加，则未来 50 年内大气中 CO_2 浓度将增加 30%，到 21 世纪中叶将增至 600×10^{-6}，相当于工业革命初期的 2 倍多。

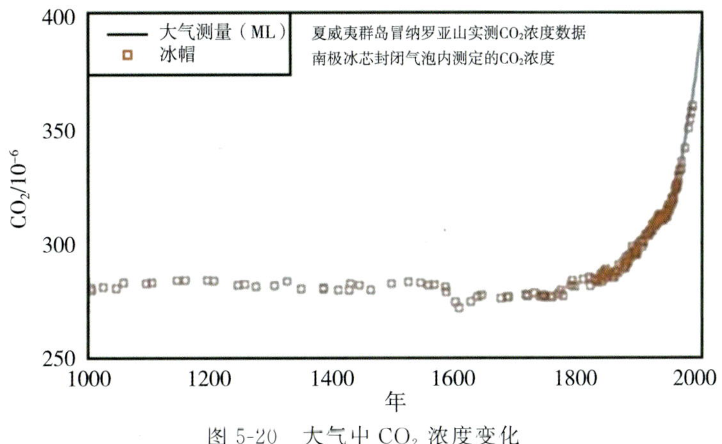

图 5-20 大气中 CO_2 浓度变化

大气中的 CO_2 是最主要的温室气体。当日光照射到温室时，太阳的短波辐射可以透过温室的玻璃屋顶进入室内，但是室内向外的长波辐射却无法透过玻璃而逸出室外。因此，温室内的温度要高于一般没有玻璃屋顶的居室。屋顶的玻璃是造成温室效应的主角(图 5-21)。大气中的 CO_2 并不妨碍太阳光的短波辐射照射到地面，射达地面的辐射被物体(包括水)吸收后，向外辐射的不再是短波，而是长波。CO_2 能将长波基本吸收，起着和温室玻璃一样的作用，因此称为温室气体。温室气体不仅有 CO_2，还有甲烷、氧化亚氮、氯氟烃等。

图 5-21　温室效应示意图

5.3.2　变暖事实

1. 气温

进入 21 世纪，应对气候变化逐渐成为国际谈判、政府间合作、领导人会谈的重要议题。为什么这个问题受到如此广泛的关注，这还要从气候变化的科学问题本身来了解。联合国政府间气候变化专门委员会（IPCC）评估报告如下（表 5-1）。

表 5-1　IPCC 评估报告

评估报告	升温速率（℃/100ª）	变化范围（℃/100ª）	观测时段
第一次（1990 年）	0.45	0.3～0.6	1861—1989 年
第二次（1996 年）	0.45	0.3～0.6	1861—1994 年
第三次（2001 年）	0.60	0.4～0.8	1901—2000 年
第四次（2007 年）	0.74	0.56～0.92	1906—2005 年

根据 NASA GISS Surface Temperature（GISTEMP）分析结果，截止至 2016 年，21 世纪地球表面温度比 100 多年前增加近 1℃，甚至有些年份超过 1℃（图 5-22）。

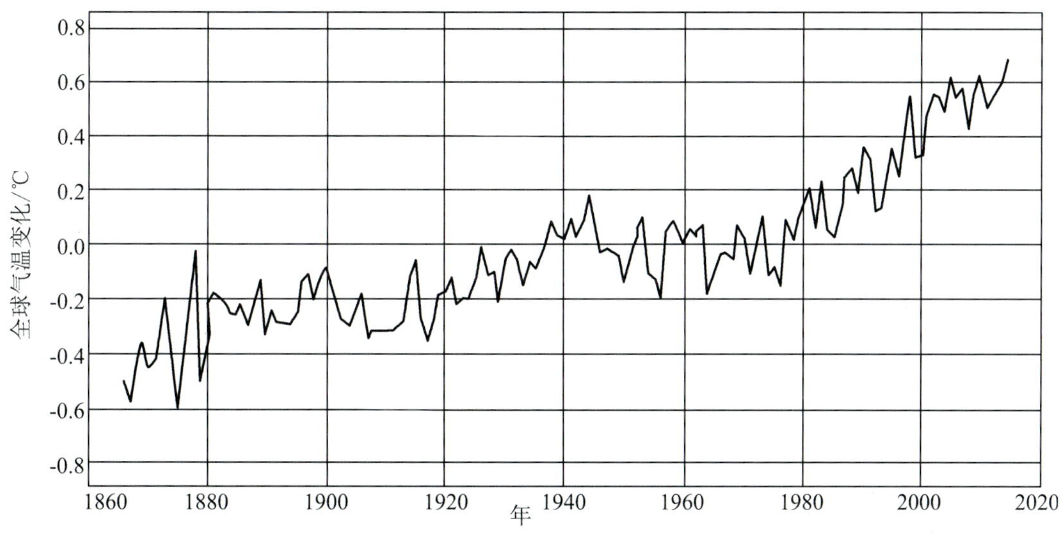

图 5-22　1865 年以来年全球气温(℃)升高(Trujillo，Thurman，2014)

中国气候变暖与全球气候变暖基本同步，中国是世界上变暖较为剧烈的地区之一。21 世纪末中国平均温度可能比 20 世纪初上升 5℃以上。其中 20 世纪约上升 1℃，而 21 世纪可能上升 4℃(图 5-23)。因此，21 世纪的气候变暖远比 20 世纪强烈。

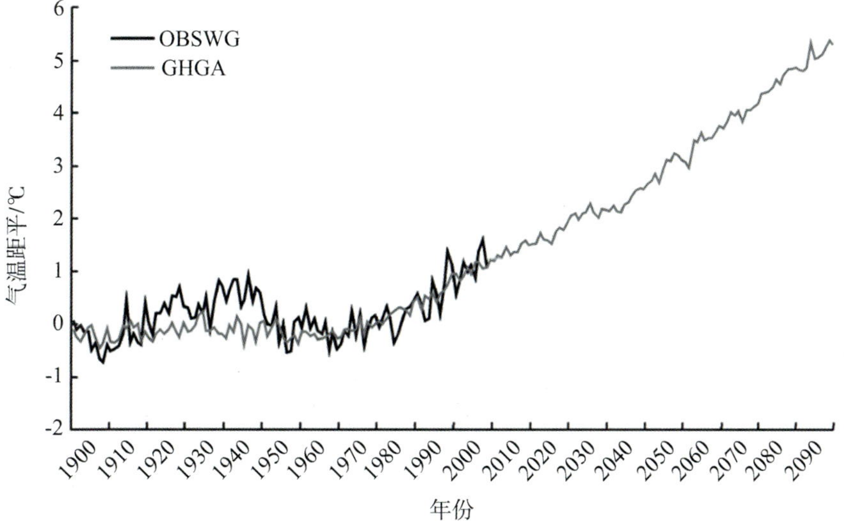

图 5-23　1900—2100 年中国平均温度模拟均值(灰色曲线)(王绍武，2009)

2. 陆地与海洋表面温度

图 5-24 中显示了 2014 年陆地和海洋的表面温度。这些温度是以 1950—1980 年温度作为基线相比较得到的。全球大部分区域变暖(红色区域)，温度增加最大的区域是北冰洋、阿拉斯加、西伯利亚和西南极。

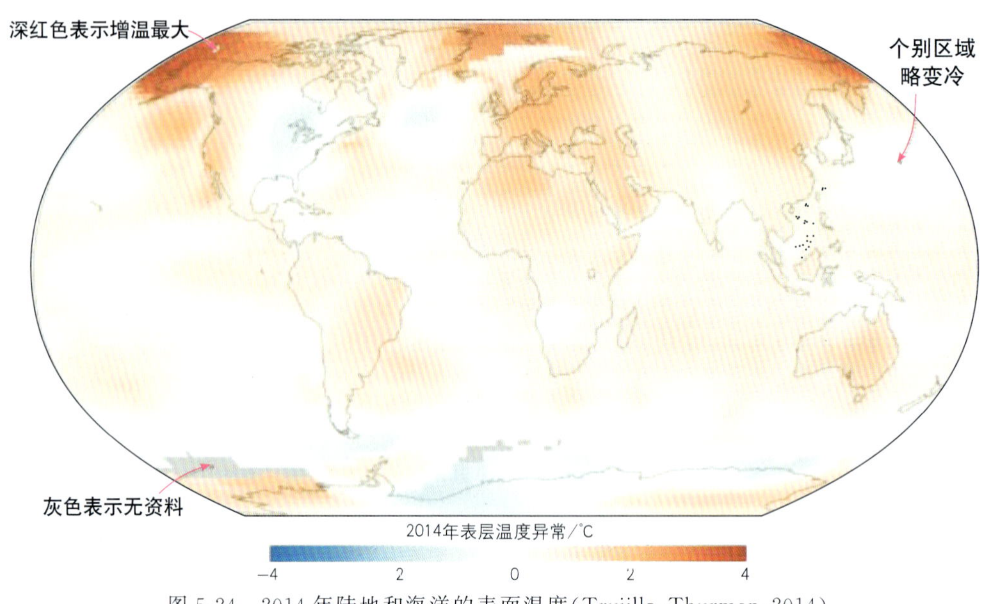

图 5-24 2014 年陆地和海洋的表面温度(Trujillo, Thurman, 2014)

5.3.3 升温导致的结果

1. 大陆冰川和极地冰消融

(1) 中国大陆

全球气候变暖,喜马拉雅山脉的冰川在今后半个世纪内将面临消失的危险。美国《外交政策》杂志报道,美国登山家、摄影师大卫·布里萨斯几年来一直拍摄喜马拉雅山附近的冰川,并将它们与以前的照片进行了对比,发现这些冰川确实在不断融化,可能影响整个地球的生态平衡。图 5-25 是 1921 年和 2008 年的喜马拉雅山的绒布冰川(地处珠穆朗玛峰脚下海拔 5 300～6 300 m 的广阔地带)照片,从中可以看出绒布冰川确实在后退。

图 5-25 1921 年(上)和 2008 年(下)绒布冰川照片对比

(2) 南美大陆

2018 年,哥伦比亚环境部公布的国家水资源研究调查数据表明,在过去 30 年中,哥伦比亚的冰川质量至少减少了 56%。

哥伦比亚一共有两个冰川山脉,4 个火山,6 个冰盖层。2010 年,哥伦比亚的冰盖层总覆盖面积达到了 47.2 km^2,而到了 2017 年就只剩下 37 km^2。研究指出,造成山脉冰盖层减少的主要原因是厄尔尼诺现象引起的气候变暖。预计到 2050 年,哥伦比亚的山脉冰川将完全消失。

(3) 南极大陆

南极大陆的总面积为 1.39×10^7 km²，其中 98%的地域被永久冰盖所覆盖，其平均厚度为 2 000 m，最厚处达 4 750 m。南极大陆总贮冰量为 2.93×10^7 km³，占全球贮冰总量的 90%，若其融化全球海平面将上升约 60 m。资料显示，自 1957 年以来，南极大陆一直在升温(图 5-26)。最令人担忧的是，曾经被视为较为稳定的东南极洲也正经历严重的冰层融化，若有朝一日西南极洲冰层全部融化，会加剧海平面上升。

2019 年 1 月中国气象网报道，在过去的 40 年里，由于温暖海水的涌入，南极冰川正在加速融化。美国《国家科学院学报》报告显示，自 2019 年起，南极洲每年融冰量将达到 2.52×10^{11} t，约为 40 年前的 6 倍以上，而 1979 年至 2017 年间，南极每年的融化量仅为 4.00×10^{10} t。

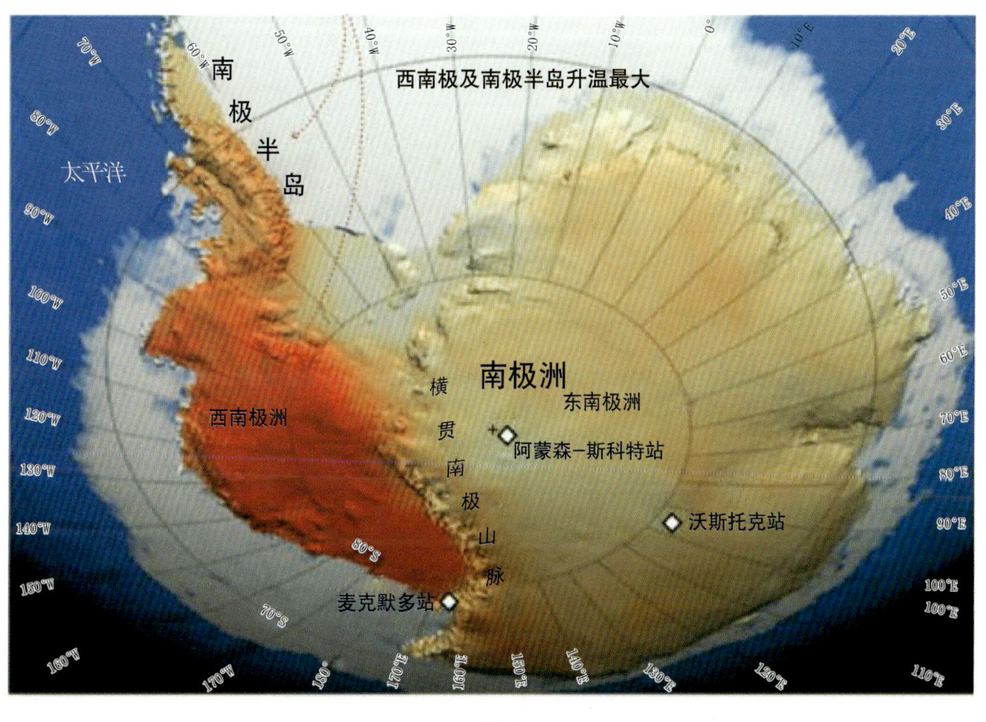

图 5-26　自 1957 年以来南极大陆升温的卫星图像(数据经过南极气象站校正)

(Trujillo，Thurman，2014)

这项研究是世界可能面临大灾难的信号，冰川融化将和更加频繁的干旱、热浪及暴雨等极端气候一同出现。美国加州大学地球系统科学家里尼奥表示，南极洲冰层融化程度比预想的还要严重。同时，海水温度上升的速度也比预想的更快，在过去几年屡创新高。

(4) 北极区域

资料显示，格陵兰冰盖的融缩趋势在逐年加强，2005 年格陵兰岛有 4.3×10^{11} t 淡水直接进入海洋。通过 1961—2003 年的数据统计，格陵兰岛冰川的融化对海平面的贡献率约为 0.05 mm/a。

根据卫星观测结果可知，自 1978 年以来，北极冰范围显著缩小(图 5-27)，冰的厚度加速变薄。

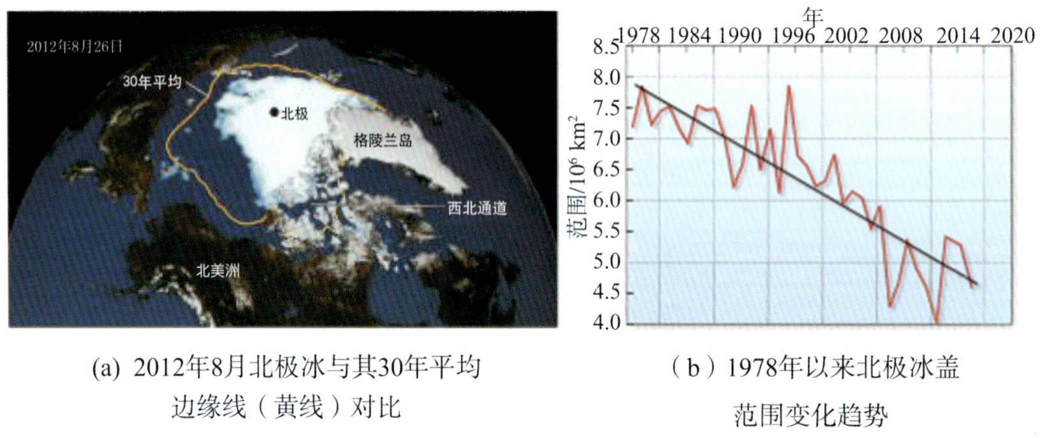

(a) 2012年8月北极冰与其30年平均边缘线（黄线）对比

（b）1978年以来北极冰盖范围变化趋势

图 5-27 根据卫星资料分析结果北极冰范围显著缩小(Trujillo，Thurman，2014)

2. 海平面升高

海平面升高的主要原因是大洋变暖引起海水热膨胀以及陆地冰川和冰盖的消融。例如，格陵兰岛冰川消融可以使海平面增加 6 m，南极冰川消融可使海平面增加约 60 m(图 5-28)。

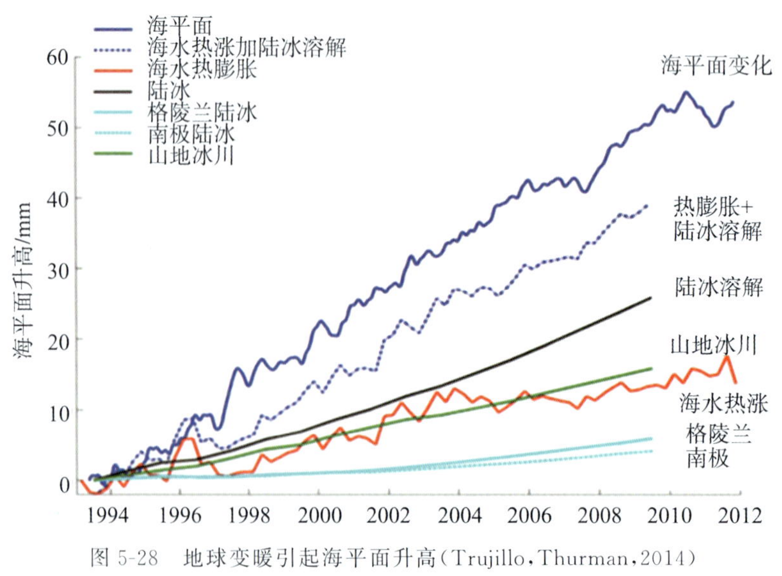

图 5-28 地球变暖引起海平面升高(Trujillo，Thurman，2014)

海平面升高的观测结果如图 5-29 所示。

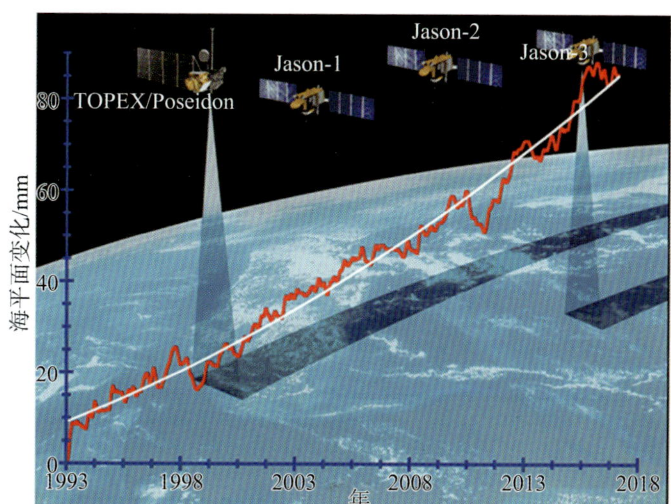

图 5-29　据卫星高度计资料得到的全球海平面升高趋势

参考文献

[1] 国家科学基金青岛海洋科学资料共享服务中心. 2014 年度共享航次报告集[M]. 北京：海洋出版社，2017.

[2] 胡广元. 渤海湾全新世海侵前的古环境[D]. 青岛：中国海洋大学，2010.

[3] 李培英，徐兴永，赵松林. 海岸带黄土与古冰川遗迹[M]，北京：海洋出版社，2008.

[4] 廖永岩. 地球去气作用[J]. 地球物理学进展，2006，21(4)：1146—1153.

[5] 刘振夏，夏东兴. 渤海古沙漠沉积特征分析[J]. 沉积学报，1992，10(2)：93—98.

[6] 陆龙骅. 臭氧与臭氧洞[J]. 自然杂志，2012，34(1)：24—29.

[7] 罗安，瓦西拉里. 末次盛冰期冰量及海平面变化[J]. 中山大学研究生学刊(自然科学、医学版)，2013，34(4)：69—77.

[8] 秦蕴珊，赵松龄. 中国陆架沉积模式研究的新进展[J]. 中国海陆第四纪对比研究，1991，23—39.

[9] 商志文，陈永胜，姜兴钰，等. 渤海湾西岸西汉先民用海的新发现及对"西汉海侵"的启示[J]. 地质论评，2015，61(6)：1468—1481.

[10] 商志文，王宏，李建芬，施佩歆. 渤海湾沧桑巨变：渤海湾 1.1 万年来的海陆演化过程[J]. 中国矿业，2018，27(2)：286—289.

[11] 谭伟，左军成，李娟，杨逸秋，陈美香. 全球海水热含量变化规律及其对海平面变化的影响[J]. 河海大学学报(自然科学版)，2011，39(5)：589—594.

[12] 汪品先. 冰期时的中国海——研究现状与问题[J]. 第四纪研究，1990，2：111

—124.

[13] 王汝建.南沙海区百余万年来的放射虫组合及古海洋学事件[M].上海:同济大学出版社,2007.

[14] 王绍武,赵宗慈,唐国利.中国的气候变暖[J].国际政治研究,2009,4:1—7.

[15] 吴国雄,林海,邹晓蕾,刘伯奇,何编. 全球气候变化研究与科学数据[J]. 地球科学进展,2014,29(1):16—22.

[16] 谢传礼,剪知湣,赵泉鸿,汪品先.末次盛冰期中国海古地理轮廓及其气候效应[J].第四纪研究,1996,1:1—10.

[17] 朱永峰.地球的放气作用是全球环境变化的主导因素[J].地学前缘,1997,4(2):152.

[18] 宗普,薛进庄.地质历史时期大气氧含量与生物多样性的协同演变[J].生物学通报,2015,50(4):1—4.

第6章　研究尚未有穷期

——世界一个地球村，正是共担风雨时。

6.1　世界气候到底是变热还是变冷？

6.1.1　地球怎么了？

1. 变暖是不争的事实

目前，全球变暖正在加剧的事实已经非常清楚。进入21世纪，应对气候变化逐渐成为国际谈判、政府间合作、领导人会谈的重要议题。

现实情况不容乐观，通过对北极2000—2006年的卫星照片分析表明，北极永久海冰层正以每10年7%～10%的速度减少。2005年仅4%的薄冰层（约$2.5\times10^6\ km^2$）在融冰季节后恢复冰冻，2006年永久海冰层比上年同期又大幅减少14%。据科学家预测，北极迎来“无冰之夏”的概率已超过50%。

2. 低温不断考验人们的神经

2003年以来，亚洲、欧洲大部分地区的冬季并没有像最初人们预料的那样成为“暖冬”，而是经受了一轮又一轮的暴雪与严寒的袭击。尤其是2006年春节前后，几乎整个北半球都遭受着极度低温的考验。来自西伯利亚的持续寒流在俄罗斯、乌克兰、东欧、日本夺去上千条人命，并波及中国河南、陇海地区及辽东湾等地。

往常属于温暖地带的南欧、印度也发生了暴雪，导致大批人畜冻死。对此，科学家们纷纷做出各种解释。有人认为，地球在温室化的同时，也面临着突然进入“冰川时代”的可能。

2010年新年伊始，一场寒潮来势汹汹地席卷了整个北半球。1月2日至3日，中国北方京津冀地区出现了罕见的强降雪，京津两地日降雪量突破1951年以来的同期历史极值。几乎就在同时，从韩国到俄罗斯，从西欧到美国也都遭遇了暴雪与寒流的袭击。西欧各国天气异常严寒，其中有6个国家打破低温纪录。英国首都伦敦的气温在2010年伊始的星期一跌至零度以下，被媒体称为30年一遇的“黑色星期一”。在美国，北达科他州、明尼苏达州的低温也创下当地纪录，甚至往年冬季十分“阳光”的佛罗里达州也变得寒气逼人，气温降至罕见的零度左右。就在北半球寒流肆虐的同时，南半球却暴雨成灾、洪水泛滥。澳大利亚新南威尔士内陆地区变成一片汪洋。巴西里约热内卢州暴雨不断，引发洪水泛滥及山泥倾泻。

6.1.2 气候“变冷说”在20世纪70年代曾经是学术界的主流

1. 气候10万年周期的暖期就要结束

1971年，丹麦学者丹斯加德(Dansgaard)等人发表的格陵兰冰芯氧同位素谱分析成果表明，地球气候有10万年轨道周期变化，其中9万年为冷期，1万年为暖期。按此规律，地球气候的暖期已接近尾声，而1947—1976年的全球性寒冷天气似乎也支持了这一观点，曾使许多气象学家惊呼“小冰期”的到来。美国威斯康星大学环境研究所布赖森(Bryson)认为，地球正缓慢进入另一个大冰河期。

2. 太阳活动进入“休眠期”

也有一些科学家从太阳活动对全球气候影响的角度来证明“变冷”说。2007年，俄罗斯科学院太阳地球物理研究所的两名科学家提出，对地球气候影响最大的是太阳系活动的变化，由于太阳黑子活动的变化，每1 500年有一个不规则的气候变化周期，我们当前正处在这个周期的变暖阶段。今后数十年太阳将进入活动消极期，地球温度会随之下降。无独有偶，俄罗斯科学院天文台宇宙研究实验室主任哈比布拉·阿卜杜萨马托夫认为，全球变暖主要是20世纪太阳持续保持不寻常的高发光度造成的，现在太阳的发光强度正在逐渐下降，大约在2041年会降到最低点。在此过程中，地球气候将重新进入寒冷期。阿卜杜萨马托夫认为，人类活动导致的“温室效应”无法阻止全球性的气候变冷趋势，因为在地球历史上，全球气候曾发生过许多次周期性的气候变冷和变热现象，而且这些变化并非工业活动所导致的后果。由于海洋具有庞大的热惯性，如果太阳亮度变化仅仅持续11年的周期，那么全球气候基本上不会受到什么影响。然而，如果太阳辐射强度的变化过程持续近200年的时间，那么地球气候将受到明显的影响。只不过由于地球热惯性的原因，地球气候的变化要比太阳亮度的变化滞后15～20年。按照这一规律，到21世纪中叶，地球将开始急剧变冷。

3. 深海巨震降温说

除此之外，还有一种“深海巨震降温说”也支持全球气候“变冷”的观点。这种学说认为，海洋及其周边地区的强震产生海啸，可使海洋深处的冷水迁移到海面，使水面降温，冷水会吸收较多的CO_2，从而使地球降温。持这种观点的科学家称，1960年智利大地震引发的海啸曾使全球变冷，引起了20世纪70年代的“冷地球周期”。而2004年12月26日印尼大地震海啸也是全球变冷的一个信号，将给地球带来至少30年的变冷效应。这可以从下列事实中得到证明：2004年印尼地震海啸后，全球低温冻害和暴雪灾害频繁发生；2005年1月10日，美国内华达山脉地区发生近90年来最大的暴风雪事件；2005年2月2日，莫斯科和日本遭遇暴风雪导致部分地区的积雪超过3 m；2005年2月，南半球夏季出现异常低温等。根据“深海巨震降温说”，海洋巨震减弱了温室效应，是气候变冷的放大器。

6.1.3 CO_2 是罪魁祸首？

自 1896 年著名科学家斯万特·奥古斯特·阿伦尼乌斯(Svante August Arrhenius)提出 CO_2 是导致全球变暖的罪魁祸首以来，人类活动排放 CO_2 导致全球温室效应加剧的理论就深入人心，被人们奉为真理。这可能与这个理论的提出者本身有关，因为他是一位非常著名的科学家，更是诺贝尔化学奖的获得者，他的话理所当然被许多人奉为圭臬。

的确，这是一个简单易懂又逻辑完美的理论：人类活动排放 CO_2→CO_2 持续增加→温室效应增强→全球气温升高→生态系统遭到破坏→人类灭绝。似乎很少有人对这个理论提出疑问，但确实是 CO_2 的排放才导致全球变暖吗？

1. 全球气温变化

我们都知道，人类活动排放的 CO_2 增加是在工业革命后开始的。但通过对近 200 年以来全球气温变化趋势的研究发现：1910—1940 年的 30 年间全球温度升高了 0.5℃，1970—2000 年的 30 年间温度只升高了 0.41℃。按道理，如果 CO_2 真是全球变暖的元凶，全球温度上升值应该越来越高，但事实却并非如此。而在 1940—1980 年的 40 年间，全球气温更是维持在一个水平。这让许多研究全球气候变化的科学家开始质疑全球变暖的真正原因。

2. CO_2 浓度与气温变化曲线

CO_2 浓度和气温的变化曲线本来是两条非常接近的曲线，人们在制作曲线图的时候习惯性地将它们摆放在一起，看上去就像是 CO_2 变化导致了全球气温变化一样。

但实际上，这两条曲线是同时发生变化的，并没有前后之分(图 6-1)。也就是说，也有可能是气温的升高导致了 CO_2 含量的升高。地球表面约有 70%的面积是海洋，当全球气温升高后，海水中的 CO_2 被释放出来，导致大气中 CO_2 含量升高也是有可能的。

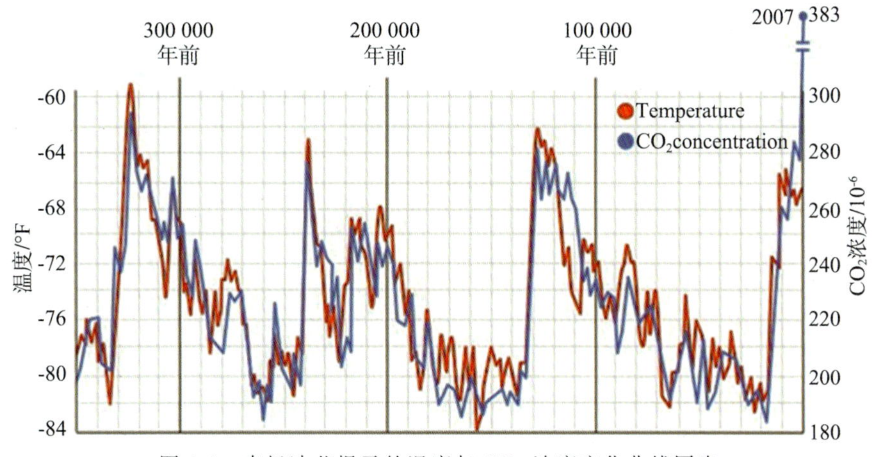

图 6-1 南极冰芯揭示的温度与 CO_2 浓度变化曲线同步

3. 碳交易

碳交易的说法最早是在《京都议定书》提出的。简单地说，就是 CO_2 造成全球变暖，各个国家都有义务减少 CO_2 的排放，这里面就涉及了碳交易。如果一个国家一年的 CO_2 排放标准是 2 t，但它实际上只排放了 1 t，那么它就可以把多余的 1 t 拍卖给每年排放标准是 2 t 但实际排放量却远大于 2 t 的国家。

碳交易最开始提出的初衷可能是好的，目的是让全球 CO_2 排放量得到控制。但又因为其中牵扯到巨大的经济利益，某些西方国家将碳交易作为阻碍多数发展中国家经济发展的工具。当然，并不是说我们就不需要减少 CO_2 的排放了，更何况如果放开关于 CO_2 排放的规定，会直接导致现有节能与环保体系的崩溃，这是我们不愿意看到的。可能减少 CO_2 排放的作用没有想象的那么大，但它却在一定程度上提高了人类的环保意识。

4. 地球变暖与人类相关的原因

有人说：气候是凶猛的野兽，人类正在激怒它！地球变暖与人类相关可能有以下几点原因。

（1）人类对能源的利用产生了大量的热能

近 100 年以来，科技迅猛发展，工业进程飞快，这些要归功于能量的利用，或者说主要是石油的应用。能量是人类社会发展进步的主要推动力，近 100 年人类消耗了全球几乎 70％的石油和煤炭资源。地球自出现生物以来，几十亿年以煤炭或石油形式储藏的能量，被我们在几十年内大量开采，这些石油、煤炭为我们提供的能量让我们有舒适的生活，但其利用率有多少？汽油机的利用率只有 30％～45％，柴油机的利用率为 40％～50％，其余的则通通转换成内能，用来给地球不断加温……这才是全球变暖的根源。甚至有些用来取暖的电能，就是 100％的用来给温室效应添砖加瓦了。当地球的石油与煤炭资源全部消耗殆尽的时候，如果绿色植被还能存在的话，希望它们能够慢慢地抚平地球的伤口。

（2）人口数量增加，加强了地球热能的积累

人的身体就是一个个热源，要使体温保持恒定，身体就要不断产生热量，并将体内多余的热量散发出去。另一方面，人们生活生产过程中产生了大量的生活和工业垃圾，在这些垃圾的处理过程中也产生了大量的热能。

（3）地表水减少，使地表温度升高

由于人类的过度开发利用，地表水迅速减少。地表含水量下降，比热降低，吸收空气中热能的能力下降，水的蒸发量减少，空气干燥，导致空气和地表温度很容易升高。所以，地表水减少的直接后果是降低了地表的温度调节能力。

（4）地表植被减少，增加了热能

人类所需能量的绝大部分都直接或间接地来自太阳。各种植物通过光合作用把太阳能转变成化学能在植物体内贮存下来。煤炭、石油、天然气等化石燃料是由古代埋藏在地下的动植物经过漫长的地质年代形成的，它们实质上是由古代生物固定下来的太阳能。植被减少的后果是太阳能通过植物进行能量转化的转化量减少，太阳能的热能直接加热了地球。

(5) 空气污染增加了热量的积累

太阳辐射到达地面之后,一部分经地面反射回到空中,被大气中存在的固体颗粒、水汽和云层等物质反射,太阳辐射经反射后就变成长波辐射了,空气能够吸收这种辐射,从而使温度升高。如果空气被污染,大气中存在的固体颗粒、水汽和云层增多,阻止热量逃逸,从而使地球温度升高。

6.1.4 辩论尚未有穷期

欧美学者们曾在美国布朗大学召开题为"当前的间冰期何时及如何结束"的研讨会。美国国家科学委员会也曾在1972年的一份题为《环境科学的模式与前景》报告中指出,"根据过去间冰期的记录,目前的高温行将结束,接下来将会进入一个漫长的寒冷期"。诸多学者在《科学》和《新闻周刊》等刊物上发表关于全球变冷的文章,《气候阴谋:即将到来的新冰川时代》《变冷:又一个冰川时代的来临?我们能够渡过这一关吗?》等成为20世纪70年代中期的畅销书。

一些学者对于IPCC结论和温室效应与全球变暖理论仍持保留甚至怀疑态度,他们相继在学术刊物上发表文章,针对全球变暖在科学上的不确定性对主流观点进行反驳。一些"怀疑论者"批评气候威胁论控制了欧美政府和主流媒体,认为气候变化问题已被政治化和宗教化。2007年3月,英国BBC推出了名为《全球变暖大骗局》的纪录片,片中采访了多位科学家,举出大量证据否定人类活动导致全球变暖说,认为这是在制造不必要的恐慌。

2009年底,质疑全球变暖的声音逐渐增多,特别是英国气候学界爆发的"邮件门"使得长期存在的全球变暖"怀疑论"受到空前关注。2009年11月,英国气候变化研究中心的网络遭遇黑客入侵,大量内部资料和近千封电子邮件被窃取和公开。相关材料显示,该研究中心多年来人为地修改了气候变暖数据,夸大了全球变暖的影响。在哥本哈根世界气候大会前夕,"怀疑论者"在布鲁塞尔召开了"全球变暖怀疑者大会"。2009年12月8日,俄罗斯科学院天文观测总台宇宙研究室主任阿卜杜萨马托夫等近20个国家的140位科学家联名向联合国秘书长潘基文发出公开信,质疑"人类活动导致气候变化"。在哥本哈根世界气候大会期间,一批来自世界各地的"怀疑论者"组织了各种类型的活动,宣称"全球变暖是个谎言"。

到目前为止,这些关于气候变冷的学说或理论都还只是一家之言,未能得到有力证明和普遍接受,但这并不等于我们可以忽视这些理论的存在。说到底,"变冷说"也好,"变暖说"也好,都是为了更好地解决人类生存和发展所面临的难题。正是由于"全球变暖"问题有着科学上的诸多不确定性,人类才必须综合研究各种可能的证据,从全球整体系统的变化过程入手,既要重视气候的持续性增暖过程,又不能忽略其中出现的波动性。

6.2 请高度重视变暖的“后遗症”！

全球变暖是不争的事实。我们应该高度重视，从技术层面采取相应措施。全球变暖带来的危害有以下几点。

气温升高所带来的热能，会提供给空气和海洋巨大的动能，从而形成大型甚至超大型台风、飓风、海啸等灾难。

气温升高不仅会从海洋直接吸取水分，还会从陆地吸取水分，使得内陆地区大面积干旱，从而导致粮食减产。

气温升高所融化的冰山，正是我们赖以生存的淡水资源。气温升高使得自然界食物链逐渐断裂。

气温升高使埋藏在地下的碳元素释放出来。大气中 CO_2 含量上升，加强了温室气体效应。同时，会导致海洋中 CO_2 含量上升，使海洋碳酸化，大量微生物死亡。

全球温度上升会导致无脊椎类动物尤其是昆虫类生物提早从冬眠中苏醒，而靠这些昆虫为生的长途迁徙动物却会因此错过捕食的时机，从而大量死亡。

6.2.1 大气的骚动

1. 大气降水、风暴等极端事件频繁发生

温室气体排放的确加剧了全球变暖进程，由此带来对全球气候波动的影响是不可小觑的。气象学家表示，许多极端天气状况的直接原因是大气环流异常，根本原因还是全球气候变暖。气候变暖导致大量海水蒸发，大气中水汽含量增多，整个气候系统的不稳定性增加，因此容易出现极端的天气现象，如极端高温、极端低温，或者长时间的干旱、集中降水等。这种极端的天气现象也极易引发自然灾害。联合国开发计划署和世界气象组织最新公布的数据显示：2009 年 1 月至 11 月，全球共发生 245 起自然灾害，其中 224 起与极端天气有关，共导致 5 500 万人受到影响，约 7 000 人死亡，经济损失高达 150 亿美元。亚洲是风险最高的地区，大约有 4 800 万人受到极端天气事件的影响。

IPCC 报告指出，1970 年以后极端事件增加(图 6-2)。最新的研究表明，气温每上升 1℃，大气中水汽含量将增加 7%。卫星观测与模拟研究也表明，降水极端值与温度有密切关系，气温升高，降雨次数增多：气温每上升 1℃，大雨的频率可能增加 5%～10%。此外，副热带陆地干旱现象也呈增加趋势。自 1970 年以来，风暴与台风的持续时间和强度均增加。

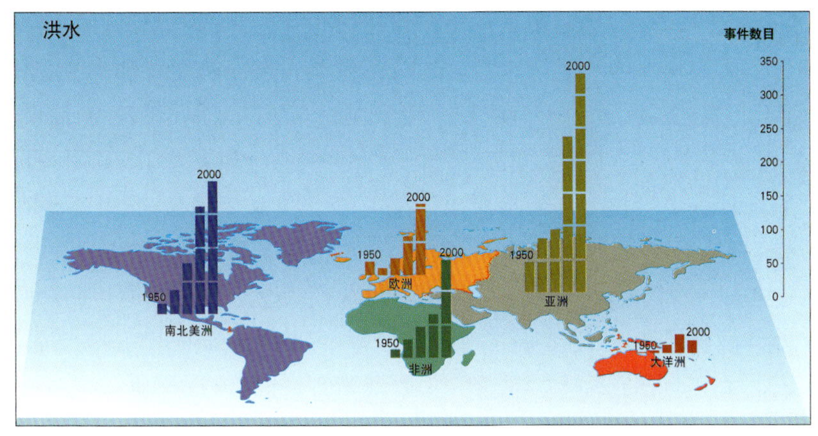

图 6-2　各大洲几十年来发生的重大水灾数目

风暴和降雨引起的海岸线改变。根据预报，百年一遇的风暴今后每隔几十年要发生 1 次，而十年一遇的风暴每年都会发生。风暴事件对海岸带营养物输送、混合过程、海流及锋面都会造成严重影响。强降雨事件发生频率的变化会改变海岸带的生态类群。例如，降雨量的增加会使河口的生态类群往适应较低盐度的类群改变，加之营养盐和污染物滞留时间的变化，进而影响河口生态系统的食物网结构。

寒冷季节将缩短，温暖季节将延长，蒸发量的增加将导致广大地区的土壤更加干燥。由于土壤状况、作物产量、供水含盐量和河水水力发电等发生变化，世界各国的经济将受到巨大影响。此外，由于气温的升高，土壤含水率有下降的趋势，必然对土壤中植物和农作物的生存产生一定的影响。

2. 厄尔尼诺现象频发

影响气候变化的因素之一是每隔数年发生一次的厄尔尼诺—拉尼娜现象。厄尔尼诺现象发生时大股温暖海流沿赤道带入西太平洋，而拉尼娜现象发生时则伴随寒冷的海流。厄尔尼诺和拉尼娜现象都会影响和扰乱全球洋流、风和天气系统的正常模式。

自 1950 年以来，世界上共发生 13 次厄尔尼诺现象，对全球气候产生了重要影响。从北半球到南半球，从非洲到拉美，气候变得古怪而不可思议。例如，该凉爽的地方骄阳似火，温暖如春的季节突然下起大雪，雨季到来却迟迟滴雨不下，正值旱季却洪水泛滥。在厄尔尼诺发生年的冬季，我国往往出现暖冬；而厄尔尼诺发生年的夏季，长江中下游地区多雨以致洪涝，黄河及华北一带少雨干旱，东北地区则气温异常偏低。

对于这类异常的天气现象，科学家们已经有了大量了解，但迄今为止，我们还无法对几年之后的厄尔尼诺—拉尼娜现象作出可靠预测。

6.2.2　海洋的响应

1. 大洋传送带变化

前面我们介绍过大洋传送带把热带暖水通过表层输送到亚北极北大西洋海区，与北极融冰水混合后向下沉，然后流到南极与深层冷水交融后向北流动，与赤道表层暖水混合，这种冷热效应使海洋和大气维持着地球系统的正常冷热交替和季节变化。

如果由于北极地区大量融水而使大洋环流在北大西洋变淡而沉不到深层，那么，大洋传送带的输送速度就有可能变慢甚至停止。虽然在“新仙女木”事件中，有的学者提出其是由“大洋传送带”引起的，但是地质学研究否定了这个说法，这并不说明“大洋传送带”不重要，只是否定“新仙女木”事件本身与“大洋传送带”关联的猜想。

自 1960 年以来，北大西洋亚极地海域盐度显著减少。事实表明，随着北冰洋冰的溶解，北大西洋的确在变淡(图 6-3)。

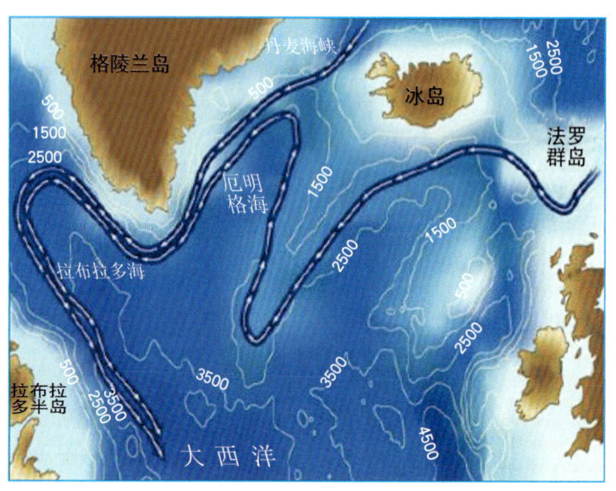

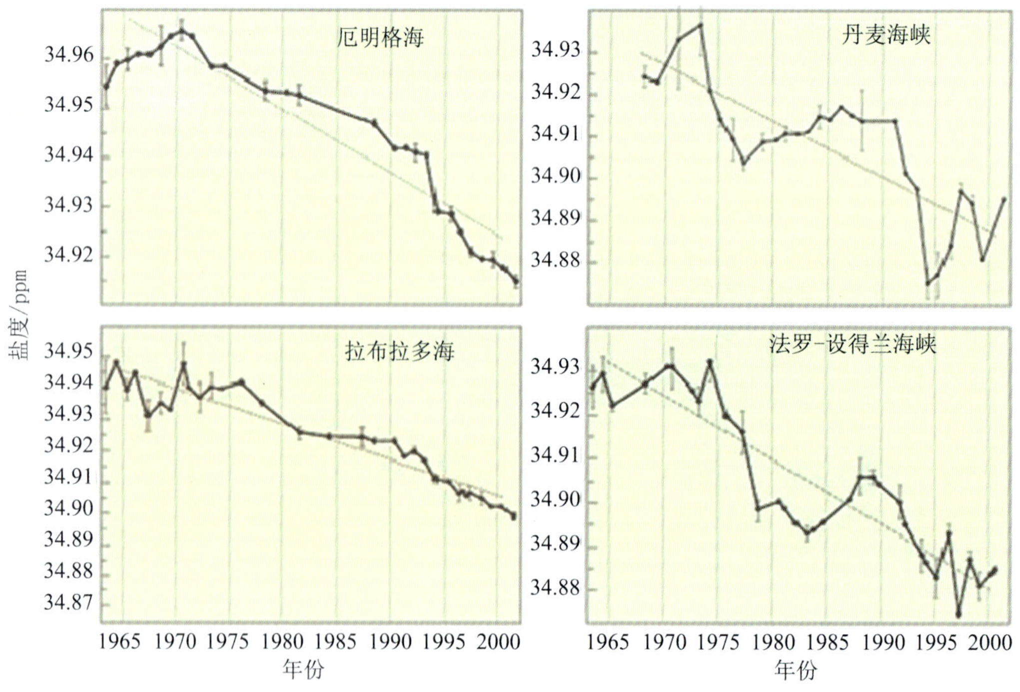

图 6-3　北大西洋海水变淡(Dickson et al.，2002)

2. 上升流的变化

全球变暖导致极地区域水温上升，降低了极地与赤道之间的温差，致使风应力作用下降，引起风生环流的全面弱化，严重影响大洋和近岸生态系统的结构和功能，特别是可能导致上升流的弱化，降低浮游植物的生产力。

此外，风速和风向的改变会也影响环流路径和模式。以我国海域为例，在厄尔尼诺爆发前，黑潮流量增大，闽南-台湾浅滩渔场出现强大的上升流，浮游生物大量繁殖，给中上层鱼类带来丰富的饵料，从而导致中上层鱼类种群数量增加；而在厄尔尼诺盛期，黑潮流量减少，导致该渔场在夏季只出现弱上升流，渔获量大量减少；在强厄尔尼诺事件前的冬季，东亚频繁出现寒潮，黄海、东海海水出现异常低温，闽南-台湾浅滩渔场环境发生巨大改变，导致通常滞留在海峡北部越冬的金色小沙丁鱼幼鱼被迫返回台湾海峡南部，鱼类种群结构发生改变。

6.2.3　临海地区面临洪水的威胁

IPCC 报告指出，1870 年以来海平面已经上升了 20 cm。根据卫星观测，海平面在 1993 年以来上升速度已达 0.34 cm/a，比 IPCC 的估计(0.19 cm/a)要快 80%。1970—2006 年南海海平面的平均上升速率为 0.24 cm/a。据预测，21 世纪我国各海域海平面上升速率最快的是南海，其平均上升速率为 0.32～0.98 cm/a。

在导致海平面上升的各种因素的贡献中，1961—2003 年海水热膨胀的贡献约为 40%，冰川、冰帽、冰盖的贡献约为 60%，这里仅考虑冰川、冰帽、冰盖的质量平衡对海平面的影响，而未考虑其动力学过程的影响。若仅考虑前者，预估 21 世纪海平面可能上升 18～59 cm，若加之考虑后者，则海平面的上升值可能达到前者的 2 倍。

1. 世界多地面临洪水威胁

在未来几十年里，如果海平面以目前甚至以更快的速度上升，将对世界各地沿海地区造成严重影响(图 6-4)。2012 年飓风 Sandy 在美国新泽西州登陆，风暴潮增水高度 2.8 m，造成经济损失 750 亿美元。印度洋上的马尔代夫和太平洋上的图瓦卢等岛国将被淹没，加尔各答、达卡等沿海城市将被毁掉，而伦敦、纽约以及上海等大都市，将被迫耗费数十亿美元的资金用于防洪。

图 6-4　2012 年飓风 Sandy 在美国新泽西州登陆

目前一些地区已受到影响，包括新奥尔良和墨西哥湾沿岸。这些地区之所以首当其冲地受到影响，是因为在海平面上升的同时，地面也在发生沉降。到 2080 年，由于海平面上升每年将会有约 1 亿人受到洪水威胁。

按照人类社会加速发展的趋势，南极冰川完全有可能在一二百年之内全部融化，到那时海平面将上升约 60 m。由于各国的发达地区很多集中于低海拔的沿海地区，随着这些地区被淹没将造成巨大的损失；一大批岛国（如马尔代夫、瑙鲁等）将彻底消失，日本面积将大幅度压缩，仅剩山地区域，岌岌可危。

2. 中国面临洪水威胁

中国国土辽阔虽然缓冲较大，但也不容乐观。据统计，1980—2013 年，中国沿海海平面平均上升速率为 2.9 mm/a（图 6-5）；1993—2010 年，广东沿海地区海平面平均上升速率为 3.2 mm/a。

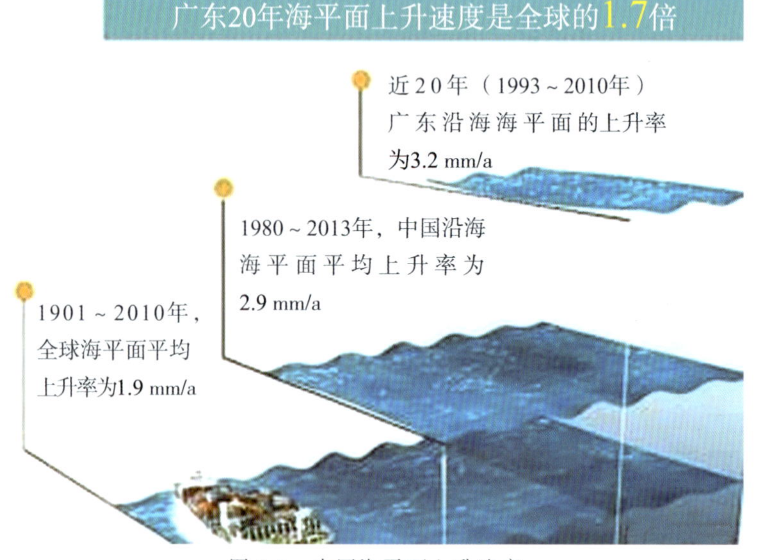

图 6-5　中国海平面上升速度

海平面上升 50 m 后的中国海岸线如图 6-6 所示。

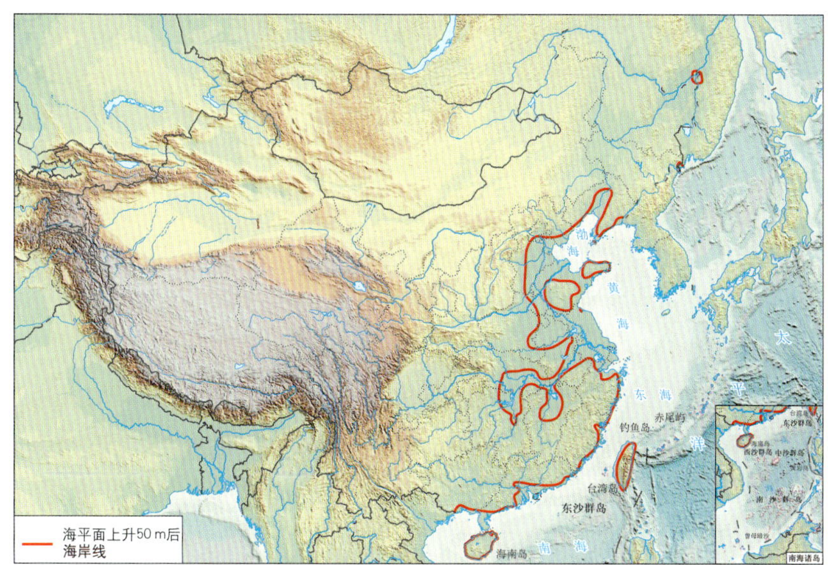

图 6-6　海平面上升 50 m 后中国海岸线变化

6.2.4　海洋升温对生态的影响

受海洋变暖、酸化、含氧量和碳酸盐等物理化学性质的变化对海洋生态的影响，渔业捕捞、海水养殖以及数以百万计以此为生的人们面临着巨大的风险，并且，海洋大部分区域还将持续变暖和酸化。全球变暖除了将导致更频繁的极端事件外，还将使海洋生态系统及与此相关的人类社会面临更多更严重的风险。

1. CO_2 含量迅速增加导致海水酸化

(1) 海水酸化

日益严重的海洋酸化现象正成为一个严峻的全球生态问题，海洋生物受到海洋酸化的明显影响。但是，作为海洋生物地化循环过程中重要的组成部分，海洋微生物群落如何受到海洋酸化的影响并没有一个明确的定论。

1994 年，大气中 CO_2 浓度相较于 1800 年增加了 28.2%，达到 359 ppm，预计以每年约 0.5%的速度增加。如果没有海洋的吸收，大气中 CO_2 浓度还会增加。海洋对 CO_2 的吸收减缓了大气中 CO_2 浓度上升的趋势，但不断溶入的 CO_2 使海水的 pH(氢离子浓度指数，一般称为“pH”。氢离子浓度增加，pH 降低。当 $pH<7$ 的时候，溶液呈酸性；当 $pH>7$ 的时候，溶液呈碱性；当 $pH=7$ 的时候，溶液呈中性)值降低，并改变海水的 CO_2-碳酸盐体系。

$$CO_{2(atoms)} \rightleftharpoons CO_{2(aq)} + H_2O \rightleftharpoons H^+ + HCO_3^- \rightleftharpoons 2H^+ + CO_3^{2-}$$

式中，$CO_{2(atoms)}$ 表示大气中原子态；$CO_{2(aq)}$ 表示水溶态。

海水中 CO_2 增加使得 H^+、CO_2 和 HCO_3^- 浓度增加，CO_3^{2-} 浓度降低。相对于工

业革命前，2007 年海水 pH 值已下降 0.1 个 pH 值单位（从约 8.21 下降到 8.1），CO_3^{2-} 浓度下降 10%。在维持当前能源使用结构基本不变情况下，到 21 世纪末，海水 pH 值还会下降 0.3～7.8，H^+ 浓度增加 100%～150%，溶解性 CO_2 浓度增加 2 倍，CO_3^{2-} 浓度则减少约 50%。海洋酸化及伴随的海水化学环境的变化对海洋生态系统有着深远的影响。当前，国际上关于海洋酸化的生态学效应研究集中在钙化固碳和光合固碳两个方面。首先，珊瑚、翼足类、有孔虫、贝类等钙化生物对海洋酸化导致的 CO_3^{2-} 浓度与碳酸钙饱和度降低的环境有明显响应；其次，海水 CO_2 浓度的上升可能使浮游植物、大型海藻和高等海洋植物等初级生产者的生长获益。海洋钙化藻类（如大型的仙掌藻类、珊瑚藻类和浮游的颗石藻类）能同时进行钙化作用和光合作用，其对海洋酸化的响应并不一致，至今仍存在争议。光合固碳和钙化固碳分别代表着海洋的有机碳泵和碳酸盐逆泵，其在海洋酸化下的变化关系到海洋的 CO_2 吸收能力，深刻影响着全球碳循环体系与生态系统。

海洋对 CO_2 的吸收降低了海水的 pH 值（约 0.10 个单位，即海洋发生酸化），酸化速度是过去 6 500 万年来前所未有的，从根本上改变了海洋的生态，特别是高纬度海区海洋碳酸盐的化学过程（图 6-7）。

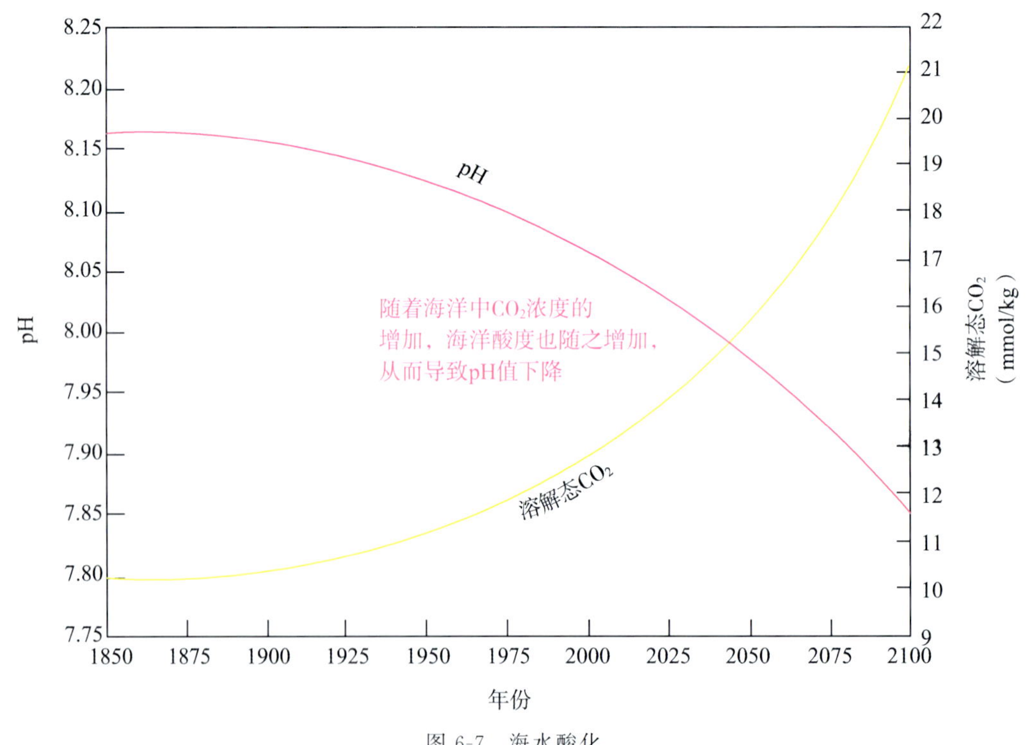

图 6-7 海水酸化

（2）极地海水酸化对生态的影响

① 酸化情况

IPCC 评估认为，从末次冰期（末次冰期于约 11 万年前开始，于约 1.2 万年前结束）

到工业化前，海洋 pH 值平均下降了 0.1，从 8.3 降到 8.2，而从 1750 年以来，海洋 pH 值平均就下降了 0.1，从 8.2 降到 8.1，主要归因于海洋快速吸收大气中的 CO_2。

极地海洋由于较冷的水温，加上多数海区 CO_2 处于不饱和状态，因此比其他大洋具有潜在吸收更多 CO_2 的能力，所以极地海洋酸化将会更快和更严重。

由于极地海洋中的许多生物生长过程缓慢，生物体适应海水酸化的能力可能更低，因此，极地海洋的食物链以及生态系统对海洋酸化的反应更为敏感。

北极地区将会是全球海洋酸化最严重的海区。据预测，到 21 世纪末，北冰洋表层海水 pH 值将会降低 0.23～0.45，使得北冰洋海水 pH 值从全球范围内比较高的地区(较全球平均值高 0.06)变成比较低的地区(较全球平均值低 0.09)，相当于海水中 H^+ 浓度将增加 1.7～2.8 倍。

迄今为止，南大洋表层海洋的 pH 值已经下降 0.1，预计到 2100 年，表层海水 pH 值可能降低 0.3，相当于海水中的 H^+ 浓度比工业革命前增加 1.5 倍。

② 酸化后果

海洋酸化将引起北冰洋海水 $CaCO_3$ 饱和度明显降低，最初在某些地区或某些时间段出现不饱和现象，随着大气中 CO_2 浓度的不断增加，不饱和程度在时间上和空间上将不断扩大。预测表明，当大气 CO_2 的浓度达到 409 μatm 时(2016—2018 年)，北冰洋表层的文石至少每年有一个月的时间处于不饱和状态；当大气 CO_2 的浓度达到 450 μatm 时(2029—2034 年)，海水表层的文石(文石化学组成为 $CaCO_3$)将常年处于不饱和状态；到达 765 μatm 时(约在 2090 年)，整个北冰洋的文石都将处于不饱和状态。

预测表明，南大洋的文石在 2050 年左右将可能出现不饱和现象，未来大气中 CO_2 的浓度达到 450 μatm，冬季文石就会达到不饱和的临界值。

南大洋的不同地区，文石达到不饱和状态的时间是不同的，最早出现不饱和的地区是 60°～70°S 纬度带(与深海上升流区相对应)。预估如果 CO_2 浓度超过 600 μatm，南大洋表层海水将出现碳酸钙($CaCO_3$)欠饱和状态。

极地海洋酸化引起海水中各种 $CaCO_3$ 矿物(文石、方解石等)的饱和度下降，将破坏整个海洋生命系统赖以生存的自然环境，对极地海域那些体内或壳中含有 $CaCO_3$ 的海洋生物非常有害，尤其是有壳的浮游动物，如翼足类。随着大气中 CO_2 浓度继续保持目前的上升趋势，可以预见，未来几十年至上百年北极和南大洋海域钙质生物可能会停止生长，甚至某些钙质生物面临灭绝的危险。美国学者在 2011 年针对南大洋现况做了个实验：假定 CO_2 继续增加，海水不断酸化，南极翼足类经过 6 周之后，外壳就被溶解(图 6-8)。

图 6-8　翼足类动物被酸化水溶解(Trujillo，Thurman，2014)

(3)海水酸化对热带珊瑚礁的影响

① 珊瑚礁的重要性

珊瑚礁是石珊瑚目的动物形成的一种结构，这个结构可以大到影响其周围环境的物理和生态条件。在深海和浅海中均有珊瑚礁存在，它们是成千上万的由碳酸钙组成的珊瑚虫的骨骼在数百年至数千年的生长过程中形成的。珊瑚礁为许多动植物提供了生活环境，其中包括蠕虫、软体动物、海绵、棘皮动物和甲壳动物。此外，珊瑚礁还是大洋带中鱼类的幼鱼生长地。珊瑚礁多见于南北纬 30°之间的海域中，尤以太平洋中、西部为多(图 6-9)。

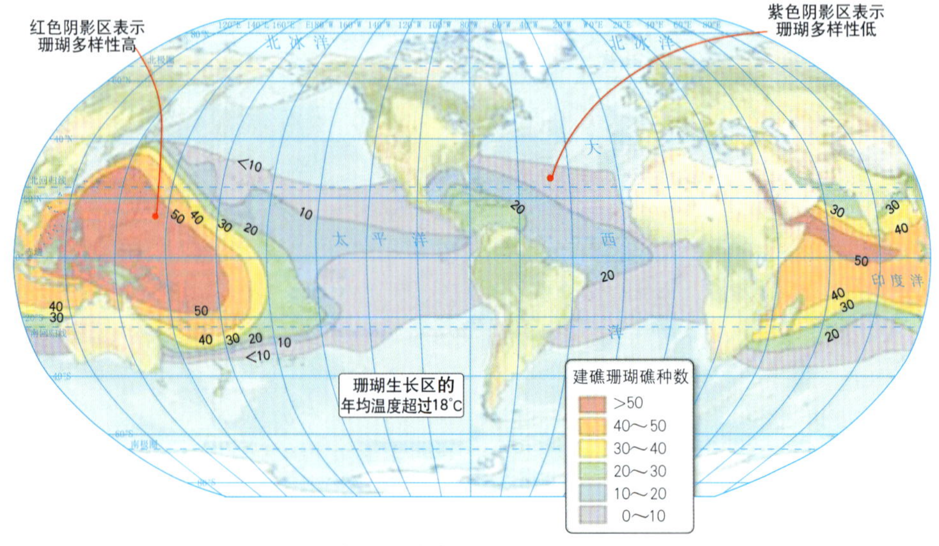

图 6-9　珊瑚礁的分布(Trujillo，Thurman，2014)

a. 工艺品

珊瑚礁作为工艺品和饰品，在中国古代就已盛行，珊瑚文化更是源远流长。历史上，清代皇帝祭祖就要佩带红珊瑚朝珠；九品官制的大臣中，二品大员的官帽上也要有红珊瑚顶珠。在中国，珊瑚不只是珠宝，还是一种文化，是自然和人文结合的典范。

b. 珊瑚礁能维持渔业资源

对许多具有商业价值的鱼类而言，珊瑚礁提供了食物来源及繁殖的场所。在马来西亚，有30％的渔获都是从珊瑚礁丛中捕得的，如海参、龙虾以及具有重要经济价值的无脊椎动物等。保存了珊瑚礁，就同时在一定程度上保障了渔业发展。

c. 珊瑚礁能吸引观光客

愈来愈多的潜水观光客在寻找全球各地的原始珊瑚礁。因此，健康的珊瑚礁是具有强烈吸引力的。目前，观光事业正是一个兴盛且获利良好的产业，珊瑚礁因其所构成的巨大吸引力不应被破坏。

d. 珊瑚礁维护了生物多样性

珊瑚礁生态系统具有适宜各类生物生长的极好自然条件。其最重要的条件是海水清洁，温度适宜。有丰富的浮游植物、浮游动物及海草等，为珊瑚、海葵、鱼类及其他掠食者提供充足的饵料。这些饵料和珊瑚组织内共生的虫黄藻，都是很有效的初级生产者，在珊瑚礁生物的食物链中具有重要作用。

e. 珊瑚礁保护了我们的海岸线

珊瑚礁在保护脆弱的海岸线免受海浪侵蚀中扮演了重要的角色。健康的珊瑚礁就好像自然的防波堤一般，约有70％～90％的海浪冲击力量在遭遇珊瑚礁时会被吸收或减弱。死掉的珊瑚会被海浪分解成细沙，这些细沙丰富了海滩，也取代已被海潮冲走的沙粒。

f. 珊瑚礁保护了我们的生命

现代医药刚开始对利用珊瑚礁制造新药的可能性进行研究（图6-10）。珊瑚礁中生物数量众多意味着许多动植物本身可制造化学物质以抵抗其他竞争者及保护自身安全，这些化学物质对人类来说可能就是极大的资产。

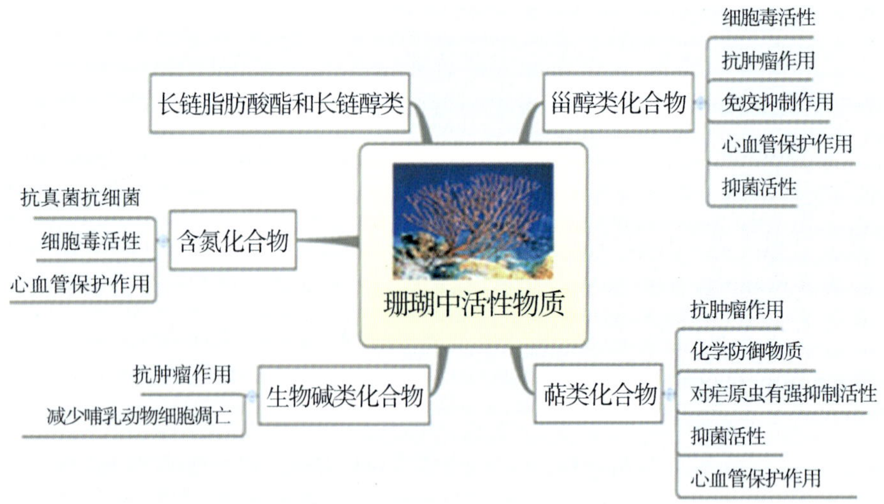

图 6-10　珊瑚的药用价值

从海南岛三亚海域采集的豆荚软珊瑚中分离到 5 个孕甾醇苷，其中的 3 种化合物具有抑制人体胶质瘤细胞、人肝癌细胞和人鼻咽癌细胞生长的活性。

珊瑚中分离的神经酰胺普遍有抗真菌、抗细菌及细胞毒性等活性，从而为研制动脉粥样硬化等心血管疾病的治疗药物提供了一种可选择的导向化合物。

② 珊瑚礁受到破坏

21 世纪，全球海洋表层海水平均 pH 值将减少 0.14～0.35。海洋酸化对珊瑚、小球藻等海洋生物及其依附物种产生严重损害。

珊瑚礁钙质藻受 CO_2 浓度变化的影响尤为剧烈。在大气 CO_2 浓度增加的情况下，珊瑚礁的钙化速率会降低。钙化速率的下降导致珊瑚礁骨骼脆弱化，受侵蚀几率上升，珊瑚礁物种组成和群落结构改变，最终导致珊瑚礁分布范围缩小。从 1880—2002 年，我国南沙珊瑚礁生态系统的平均钙化速率已经下降了 12%，预计到 2065 年，珊瑚礁钙化速率将减少 26%，到 2100 年将减少 33%。

2. 海洋水温上升对生物的影响

（1）影响海洋物种分布

影响海洋物种分布的主要因素是水温、海流和盐度。与陆地生物相似，温度上升也会导致海洋生物物种分布纬度的变化。英吉利海峡西部浮游动物和潮间带生物数量时空变化研究表明，全球气候变暖使得该海域暖水性生物种类与种群数量增加、栖息范围扩大；从 20 世纪 20 年代至今，暖水性生物栖息北限已向北移动 222.2 km；而冷水性生物种类与种群数量下降、栖息范围缩小。研究发现，台湾海峡出现了 13 种鱼类新记录种（包括慧琪豆娘鱼、峨嵋条鳎、豹鳎、海蠋鱼、拟三刺鲀、尖牙鲈、尖尾黄姑鱼、孔鳐、美鳐、棘鳞蛇鲭、节鳞鳎、褐斜鲽、黄鳍马面鲀等），这些新纪录种都是暖水种，以前主要分布在南海海域；部分以前仅在海峡南部捕获的种类，现在海峡北部也能捕到，例如乔氏台雅鱼、日本红娘鱼、斑鲆等 25 种。海水温度上升引起物种组成发生变化，对热带海域物种组成影响严重。

海水温度上升还会影响海洋生物后代的性别。研究发现，太平洋地区温度上升导致海龟繁殖的后代雌性比例远高于雄性，从而威胁整个海龟种群的存活率。

(2) 影响海洋病原生物的传播

近几十年来，气候变暖导致了海洋病原生物的扩展或转移。

北极冰释放了休眠的疾病。在低温条件下，保存在北极冻土带下的尸体几乎完好无损，但是温暖的气候却可以使这些尸体露出地面，尸体中的病原体和细菌可能导致我们认为早已灭绝的或得到控制的疾病再次出现。2016 年，一个西伯利亚男孩死于炭疽热，他所在的村庄有数十人患此病。被派往该地区治病的专家将病原体追溯到一具 75 年前的驯鹿尸体上。它被困在冻土层下数十年，直到夏天的热浪暴露了它的尸体，传染病的致病细菌释放到水和土壤中，然后传入当地食物供应链，除人感染之外，也导致 2 300 头驯鹿死亡。在法国一项不寒而栗的研究中，一种 30 000 年前的病毒在被加热分析后又复活了！

研究表明，在低于临界温度时，死亡或无法生长的节肢动物所携带的细菌和寄生虫在温度上升时生长速度加快，传染期延长，促进包括珊瑚虫病、牡蛎病原体、里夫特裂谷热和人类霍乱等的传播。

随着气候变暖，温带的冬季更短且气温更加暖和，从而增加了疾病的传播率；热带的夏季更加炎热，使寄主在热压力下更容易受到影响。

温度上升还会引起人类疾病的暴发，比如因水温上升，弧菌数量增加了 60%，从而感染了更多的牡蛎及其他水产品，危及人类健康。

(3) 影响海洋浮游生物群落结构

气候变化对海洋浮游生物群落结构的基本影响之一是表面风力变化，其通过影响表层海流的水平、垂直流动以及混合流动等，引起浮游生物种类组成、丰度及其分布范围的变化。徐兆礼(2006)研究发现，与 20 年前相比，1997—2000 年期间春、夏、秋季东海的波水蚤(Undinula vulgaris)在浮游动物群落中的重要性均有所降低，唯冬季显著增加。由于普通波水蚤属暖水种，她认为其应该与全球气候变暖导致的冬季暖流加强有关。黄加祺等(2000)研究发现，厄尔尼诺-南方涛动现象在夏季对台湾海峡南部浮游桡足类的种类组成和分布产生明显影响，在厄尔尼诺年，浮游桡足类的种类少于非厄尔尼诺年，且优势种组成也不同。Edwards 和 Richardson(2004)在分析 1958—2002 年浮游生物的长期监测数据中发现，不同浮游生物类群对气候变化具有不同的响应，且群落中不同营养级在不同季节的响应也不同，导致群落中的营养类群和功能类群不匹配。在北海和东北大西洋对浮游生物的调查发现，浮游生物与北半球的温度和北大西洋涛动之间有密切关联，这种关系可作为气候变化的指标。研究发现，这两个海区的叶绿素和初级生产力自 1987 年以来明显提高；而且同时期海水的理化性质和海洋生物类群等方面发生许多变化，说明气候变化通过影响浮游生物类群已经对海洋生态系统的结构和功能产生深远影响。不过也有研究发现，大西洋 59°N 以北的浮游植物生物量呈逐年下降趋势，这可能与北极圈温度升高、格陵兰冰块融化加快或大气—海洋相互作用引起的环北极表层冷水流加强的影响有关。

海洋生物多样性对气候变化存在反馈机制。气候变暖引起海洋温度上升，导致某些藻类数量迅速增长，释放出更多二甲基硫（DMS）。一方面，DMS 可促进产生大量云层，减少达到地球表面的总热量，从而有助于降低温度；但另一方面，DMS 可进入大气参与全球硫循环，对酸雨的形成产生重要影响。总体上，全球生物多样性变化对气候变化的正反馈影响要远大于负反馈调节。持续、加速的生物多样性灭绝，将削弱生态系统调控气候变化的能力，加速和扩大气候变暖，导致地球系统发生无法预见且不可避免的改变。

（4）影响海洋鱼类群落结构

① 物种构成发生改变

美国海洋科学家杰里米·科利等人研究了罗得岛海域过去 50 年的捕鱼数据，结果发现该地区的物种构成出现了变化。科学家们认定，这是全球气候变暖造成的后果。罗得岛海域的脊椎动物（主要是海鱼）减少，而无脊椎动物（龙虾、螃蟹、鱿鱼）增多；主要生活在海底的深海动物减少，而主要生存在海面的浮游动物增多。

“我们认为，由于食物链的改变导致海洋生产力的消耗和下降。”科利解释说，“越来越多的浮游植物被浮游动物吞噬，而浮游鱼类又以浮游动物为生，而不是像原来浮游植物沉至海底被深海鱼所消灭。”科利还注意到龙虾和螃蟹数量增大，是因为它们很好地利用了被深海鱼所遗弃的栖息地。

② 海鱼性别失调

西班牙海洋科学研究所研究人员的最新成果表明，气候变化可能会增加某些鱼类的雄性比例。负责这项研究的弗兰塞斯克·皮费雷尔表示，科学界迄今认为，很多鱼类和爬行动物的性别是由周围环境的温度决定的，而不是遗传信息，这一现象被称为“温度决定性别机制”。如果全球变暖导致海水温度升高 1.5℃ 以上，就可能较为明显地改变部分鱼类的性别比例。研究人员预测，气候变暖将导致某些鱼类的雄性比例增加到 73%～98%，而理想比例为 50%。最严重的情况下，某些鱼类可能只剩下 2% 的雌性，这将严重威胁到物种的延续。

③ 海鱼迷失方向

澳大利亚科学家表示，气候变化可能导致海鱼迷失方向，无法从大洋开阔水域游回产卵地，这将可能对海洋生态系统造成深远的影响。全球气候变暖、海水变酸等由气候变化引起的环境压力可能妨碍海鱼幼体的耳骨发育，从而导致它们根据声音导航的能力减弱。

来自詹姆斯库克大学和澳大利亚海洋科学研究所的科学家发现，如果鱼类的耳骨不对称，就会难以游回珊瑚礁。脊椎动物通过比较两耳间接收到的声音信号的不同而辨别声音，因此，两耳的结构必须较为对称。耳骨不对称并不会导致鱼类失聪，但将影响它们的听觉。鱼类的耳骨主要是由碳酸钙构成的。当海水酸化程度加重时，可用于发育耳骨的碳酸钙含量就会减少。

④ 海鱼远离人类

研究表明，人类活动要对气候变暖负主要责任。人类居住越密集的地区，工业越发达，温室气体排量越大，气候变化越明显，海水温度的升高也就越明显。为了逃避气候变暖对种群的影响，一些海鱼开始迁徙，它们不再靠近人类。

⑤ 影响海洋鱼类区域结构

预估到 21 世纪中期，高纬度海区的渔业产量将增加，而低纬度海区的产量将减少。海水养殖业中甲壳类动物的生长发育对 pH 值和钙离子浓度的下降更为敏感和脆弱，海洋酸化加剧，将可能进一步影响海水养殖业，并使之减产；此外，大部分海水养殖物种对海温有很高的敏感性，对风暴潮和洪水等极端事件也表现得极为敏感。因此，受气候变化的影响，以渔业为主体的国家的经济具有很高的脆弱性。

(5) 溶解氧浓度降低

空气中的分子态氧溶解在水中称为溶解氧。溶解氧是生命的基础，而且是规范全球营养盐和碳循环的限制因子。

近半个世纪，远洋和近岸海域的含氧量一直在减少。其原因一是由于全球增温，导致海水中氧的溶解度降低；二是陆地营养盐排入近海，加速了微生物呼吸对氧的消耗量。

观测表明，近岸区域、南极绕极流区、热带太平洋、大西洋和印度洋的溶解氧浓度正在下降(图 6-11)。

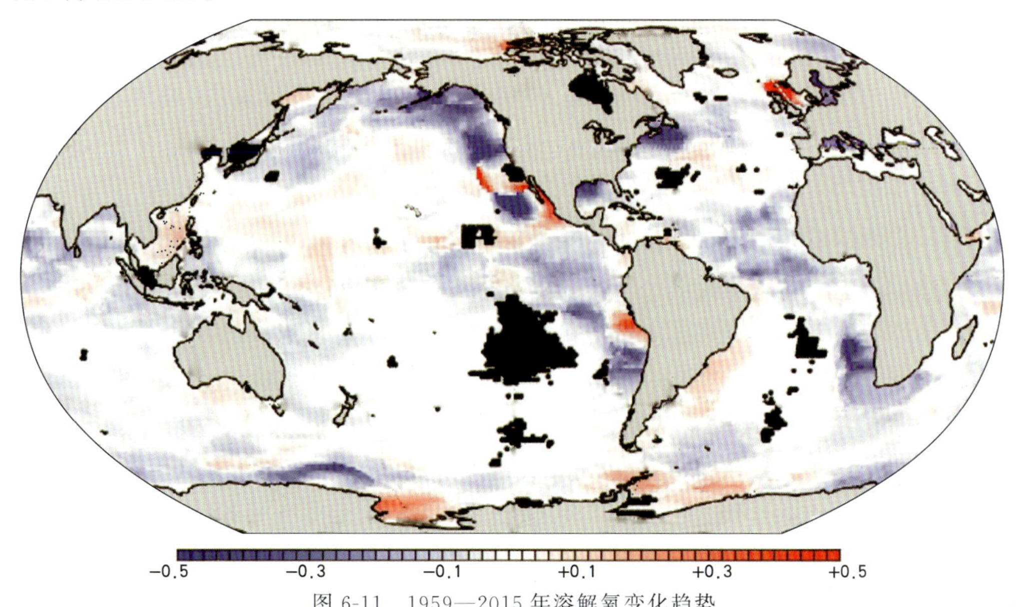

图 6-11　1959—2015 年溶解氧变化趋势

(6) 海平面上升对生物的影响

海平面上升对海岸带生态系统，特别是珊瑚礁、红树林、河口和湿地生态系统及其高度丰富的生物多样性产生巨大影响。海平面上升将促使大部分海岸带生态系统向内陆地区迁移，起初可能促进鱼类和无脊椎动物更多地接触到潮间带表面，短期内提高其生产力（如虾类的产量）。但由于人类活动（如农田或海岸建筑）的影响，这种迁移可能被迫停止，从而导致海岸带生态系统的损失或消亡，对海岸带营养物质和能量流动以及生物多样性产生不利影响。

气候变化从基因、物种和生态系统水平上对全球生物多样性产生影响。在基因水平上，生物体为了适应新的气候条件，其物种基因序列要发生改变，影响生物的遗传多样性；在物种水平上，预计到 2050 年气候变暖将导致全球 5 个地区约 24%的物种灭绝；在生态系统水平上，降雨和温度的改变将移动生态系统分界线，某些生态系统可能扩展，而某些生态系统可能萎缩。

6.2.5 对人类生存环境与健康的直接影响

据推算，大暖期地球平均气温比现在高 1℃～2℃。而上升 2℃正是当今世界各国在气候政策上已经达成的共识——这是一条不可逾越的线。

从地球历史上来看，2℃的气候变化可以忽略不计，但是对于人类文明而言，这样的变化可能造成很多毁灭性的后果。

因为沿海地区人口集中，气候变暖将使海平面上升，低洼地区将面临灭顶之灾。例如，我国东部沿海是经济最发达的地区，海平面上升轻则造成海水倒灌入侵、土地盐碱化，重则导致上海、杭州等大城市完全被海水吞没。

气候变暖，海水温度上升，风暴潮频率增加，风速加大，海洋灾害增加。海岸侵蚀加剧，需要投入更多的资金用于海岸防护与海岛防护。

海洋生态变得更加复杂，海水酸化使甲壳类生物面临灭顶之灾，珊瑚也是命运堪忧。

海水温度增加，大洋环流改变，前景尚无法预测，未知风险大大增加。

1. 气候变暖对内陆国家来说好处多于坏处

气候变暖，将使大气中的水汽增多，给内陆带来更多的降雨。非洲的北部、亚洲的中部以及我国的中、西部将变得湿润起来。我国西北地区的气候将由暖干性转变为暖湿性，戈壁滩将逐渐披上绿装，非洲的撒哈拉大沙漠将会缩小。这些地方将变得更适宜人类居住。

气候变暖将使全球的植被更加繁茂。森林面积扩大，树木生长更快。近年来中国的森林覆盖率以很快的速度增长，其中有人为因素，更重要的原因是自然因素。

气候变暖使作物生长更加高产。随着“暖冬”的持续发生，土地积温上升，越冬农作物区域普通北移，作物分蘖良好，产量随之普遍增加。近十几年来，全球的作物产量持续增加，气候变暖、自然灾害减少、雨水丰沛是关键因素。美国、印度、中国等世界重要产粮区五谷丰登，使全球饥饿人口大幅度下降。作物丰收、牧草丰产，使各种牲畜数量大幅增加，像澳大利亚、新西兰等“羊背上的国家”竟打算对牛羊征收“屁税”，原因是反刍动物释放出大量甲烷（屁）污染了空气。

全球气候变暖导致人类减少能源使用，减少温室气体的排放。今年的暖冬导致美国人的取暖用油大幅度减少，其直接后果是国际油价的下降。在中国，暖冬也使供暖部门节约了不少能源。

2. 气候变暖对人类健康造成直接危害

气候变暖对人类健康造成的危害主要表现在六个方面。第一，加重哮喘和一些过敏性疾病。研究显示，气候变化导致如花粉等空气传播的物质的浓度显著升高，直接诱发哮喘和过敏症。并且，温度的升高还使植物花期提前，花粉生成量增加，加重春季人体的过敏程度。第二，物种正在变得越来越"袖珍"。随着全球气温上升，生物形体在变小，这从苏格兰羊身上已初现端倪。第三，肾结石疾病发病率增加。由于气温升高、脱水现象增多，研究人员预测，到 2050 年，将新增泌尿系统结石患者 220 万人。第四，外来传染病增加。水环境温度升高会使蚊子和浮游生物大量繁殖，从而增加登革热、疟疾和脑炎等传染性疾病暴发的可能性。第五，夏季人体肺部感染加重。温度升高，凉风减少会加剧臭氧污染，极易引发肺部感染。第六，藻类泛滥引发疾病。水温升高导致蓝藻迅猛繁衍，从市政供水体系到天然湖泊都会受到污染，从而引发消化系统、神经系统、肝脏和皮肤等方面的疾病。

6.2.6　臭氧层变化

1. 南极臭氧洞的出现

1984 年 8 月英国科学家在南极进行大气观测时，发现极地上空的平流层中臭氧气体含量减少 40%，而且这种情况已经持续了 10 多年。每年春天，南极上空的平流层臭氧都会急剧地大规模耗损，会出现低于全球平均值 30%～40%的闭合低值区(通常这个值设定为 220 DU)，形成一个直径达上千公里的"臭氧空洞"(图 6-12)。

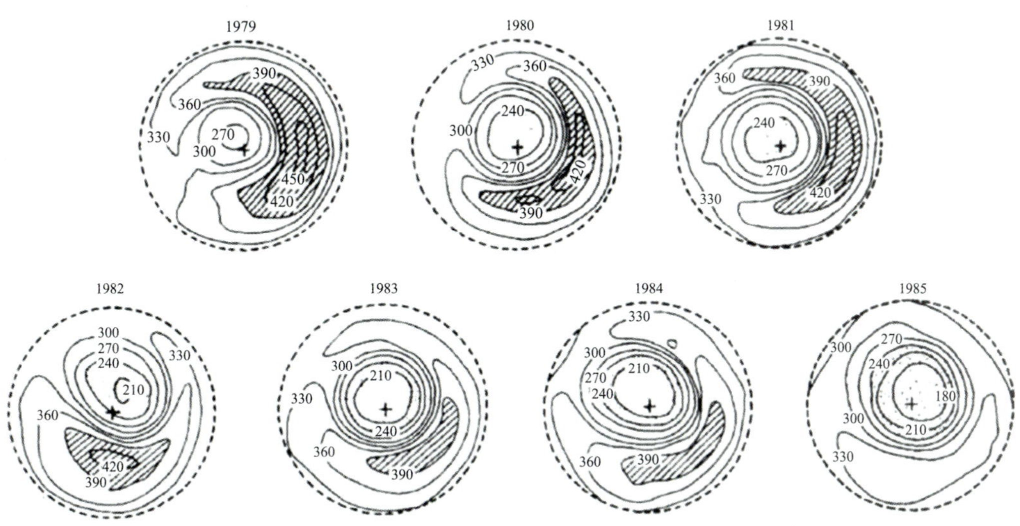

图 6-12　1979—1984 年 10 月南极地区大气臭氧总量日平均分布(阴影为>390 DU)

据最新公布的卫星探测资料，南极“臭氧空洞”的面积已达 $2.72\times10^7\ km^2$，比整个北美洲还要大，超过了 1996 年观测记录到的历史最大值。据国家卫星气象中心监测数据显示，风云三号卫星臭氧总量探测仪在北极上空监测到一个明显的臭氧低值区，在该低值区内臭氧总量是正常情况下平均值的一半左右，部分地区的臭氧总量达到了臭氧洞的标准。对此，研究人员表示：从前观测资料显示只有南极上空出现臭氧洞，北极上空以及青藏高原上空现在只存在臭氧低值区，但从气候平均值来看，并没有低于 220 DU，所以，从严格意义来讲，除了南极以外，其他地区还没有发现臭氧洞的存在。不过在某一天中出现臭氧含量低于 200 DU 的情况是存在的。

2. 臭氧洞的出现是自然原因还是人为原因？

之前，人们认为臭氧层的破坏仅仅是弗里昂气体的作用，后来科学家们提出来一个问题，人类主要活动在北半球而并非南半球，如果南极臭氧洞形成的原因只是人为因素，那为什么在北极上空并没有臭氧洞呢？

南极臭氧洞的出现与人类活动关系密切。为制造冰箱和空调等，人类发明和使用了氟利昂和溴化烃等含氯和溴的化合物，正是这类污染物质最终导致了臭氧层的破坏，在南极地区的实地考察研究，也找到了氯氟烃等物质消耗臭氧层的确凿证据。这类污染物质的化学性质十分稳定，泄漏排放到大气中滞留的时间很长；在大气的垂直环流作用下会从对流层到达平流层，并通过大气环流的远距离输送和极涡的辐合效应将这些大气污染物在极地平流层中聚合起来。大气中存在人类活动排放的氟利昂和溴化烃等消耗臭氧层物质（人为因素），是春季南极臭氧洞形成的一个必要条件，但不是唯一条件。

南极地区是以南极洲大陆为主的地理单元，而南极洲大陆是世界上最大的一个冰盖，这个地区不仅储存了世界上 70%左右的冰雪，而且厚度也非常深，因此它对于大气来讲，是一个很大的冷源。在南极过渡季节的时候，平流层会出现一个低于零下 80℃的温度，从而产生冰晶云，这个冰晶云类似于催化剂，会加速氮氧化物的破坏。我们人类排放的氟利昂里面的氯离子，在这个时候与臭氧发生化学反应，最终将臭氧分解为氧分子和氧原子。

在北极，北大西洋暖流把中低纬度的暖湿海水源源不断地往高纬度输送，北大西洋暖流输送有一个移动的路径，它移动过的地方正好在北极圈里面，海表温度非常高，而北大西洋暖流不经过的地方可能存在冷流，导致北极地区东西方向海表温度的差异非常大。这种差异会带来一种垂直的环流，空气往上运动的时候把低海拔地区的空气带到高海拔地区上空，把臭氧含量浓度低的空气替换了北极地区上空臭氧浓度高的空气，使得北极地区上空的臭氧含量减少，这个原因与南极地区完全不一样。

关于对流层臭氧问题的深入研究刚刚起步，目前面临的严峻现实是平流层的臭氧层在变薄，与此相反，对流层近地面的臭氧浓度却在升高，臭氧与各种复合污染物之间的关系错综复杂，在白天强光照时可能产生严重的光化学烟雾，造成严重的臭氧污染，臭氧污染不仅能损伤植物的生长，还会严重损害人的健康。

即将出版的加拿大滑铁大学卢庆彬的科研新著《臭氧洞和气候变化的新理论和预

测》指出，虽然 CO_2 造成全球气候变暖是主流认识，但氯氟烃才是全球气候变化的真正元凶，并建议在全球范围内持续不断地淘汰所有卤代烃的使用，如氯氟碳化物、氢氯氟碳化物、氢氟碳化物等。

参考文献

[1] 黄加祺，朱长寿，李少菁. ENSO 现象在夏季对台湾海峡南部浮游桡足类分布的影响[J]. 海洋科学，2000，24(4)：1－4.

[2] 徐兆礼. 东海普通波水蚤种群特征与环境关系研究[J]. 应用生态学报，2006，1：111－116.

[3] Collie J S, Gislason H. Biological reference points for fish stocks in a multispecies context[J]. Canadian Journey of Fisheries and Aquatic Sciences，2001，58：2167－2176.

[4] Dansgaard W, Johnsen S J, Clausen H B, Langway C C. Climatic record revealed by the Camp Century ice core[J]. Late Cenozoic Ice Ages，1971，1：37－56.

[5] Dickson B, Yashayaev I, Meincke J, et al. Rapid freshing of the deep North Atlantic Ocean over the past four decades[J]. Nature，2002，416：832－837.

[6] Edwards M, Richardson A J. Impact of climate change on marine pelagic phenology and trophic mismatch[J]. Nature，2004，430：881－884.

[7] Navarro M L, Vinas J, Ribas L, et al. DNA methylation of the gonadal aromatase(cyp 19a) promoter is involved in temperature－dependent sex ratio shifts in the european sea bass[J]. PLoS Genetics，2011，7：1002447.

第7章　风物长宜放眼量

7.1　气候变化不可怕

——生物界在气候反复变化中壮大起来

曾认为外太空遥不可及，但实际上宇宙中发生的天文事件都会对地球上的生命进化产生影响，有的可以帮助进化，有的则会造成生命灭绝。

为什么说地球是人类的家园？因为宇宙太过危险！地球安稳地承载着庞大的生命，实属不易。离开了地球的人没有氧气会窒息，皮肤暴露在真空下会炸开，核辐射在宇宙 γ 射线、X 射线、β 射线等面前不值一提。

过去有一种偏见，认为冰川的发育使得地球上冰雪铺天盖地，一切生物都不能生存，因而对冰川产生了恐惧心理，其实这种顾虑是没有根据的、不必要的，并不像灾变论者所想象的地球上的生物会统统死亡，而后又从某个地方出现新的物种那般。

7.1.1　地质史上五次大灭绝

在距今 8 亿～5.7 亿年的震旦纪和震旦纪以前很长的历史时期，只有一些铁细菌、微球菌、蓝绿藻、似红藻等非常简单的生物，经受了震旦纪大冰期的锻炼和考验，加速了内部的分化和质变过程，出现了软舌螺、艇类、海绵、腔肠动物、蠕虫、三叶虫等生物，这就是地球上动物界的第一次大发展。

继震旦纪之后，地球又先后经历了五次生物大灭绝，分别是奥陶纪-志留纪灭绝事件、泥盆纪-石炭纪灭绝事件、二叠纪-三叠纪灭绝事件、三叠纪-侏罗纪灭绝事件、白垩纪-古近纪灭绝事件。但是冰期和间冰期气候的波动，却锻炼了动植物机体，促进了新陈代谢过程，使得生物不断地适应变化着的自然环境，产生了新的变异。

1. 奥陶纪-志留纪大灭绝

大约 5 亿 4 200 万年前到 5 亿 3 000 万年前，在地质学上被认为是寒武纪的开始时间。寒武纪地层在 2 000 多万年的时间内突然出现门类众多的无脊椎动物化石，而在早期更为古老的地层中，长期以来没有找到其明显的祖先化石，古生物学家称此现象为

“寒武纪生命大爆发”，简称“寒武爆发”。这也是显生宙的开始。

但是，天道无常，接着而来的奥陶纪-志留纪之交(距今大约 4.4 亿年前)，生物大灭绝事件就发生了，也是显生宙五次重大灭绝事件中的第二大灭绝事件，造成了约 86% 的海洋物种的灭绝，包括笔石、腕足类、三叶虫、牙形石等(图 7-1)。

古生物学家认为，这次物种灭绝是由全球气候变冷造成的。当时全球气温迅速下降(全球海水平均温度下降约 5℃)，引发极地冷水带向低纬度区域扩张，这种变化在灭绝事件中起到了重要作用。另外一些学者认为，冰期主控的全球海平面的大幅下降影响了海洋生物的生存环境，剥夺了浅海底栖生物群和深海陆架动物群的栖息地，使这些海洋生物发生灭绝。另有一种更受垂青的说法认为，距离地球 6 000 光年的一颗衰老恒星发生爆炸，释放出 γ 射线。γ 射线在穿越了宇宙后，击中了地球，摧毁了 30% 的臭氧层，导致紫外线长驱直入，浮游生物因此大量死亡，食物链的基础被摧毁，产生大饥荒。同时，被 γ 射线打乱的空气分子重新组合成带有毒性的气体，这些气体遮挡了阳光中的热量，促使地球温度下降。

图 7-1　奥陶纪生物面临灭顶之灾

在集群灭绝过程中，往往是整个分类单元中的所有物种，无论在生态系统中的地位如何，都逃不过这次劫难，而且常常是很多不同的生物类群一起灭绝。在这场“大灾难”的同时，却总有其他一些类群幸免于难，还有一些类群从此诞生或开始繁盛，有些类群(如珊瑚、海绵)的多样性甚至明显增加。鱼类在第一次生物大灭绝事件中发展壮大，很快成为世界霸主。

2. 泥盆纪-石炭纪大灭绝

在距今大约 3.65 亿年的泥盆纪后期，发生显生宙以来的第二次物种灭绝事件。有 70% 的物种消失。海洋中的物种比淡水中的物种受到更大的影响，当时浅海的珊瑚几乎全部灭绝，深海珊瑚也部分灭绝，层孔虫几乎全部消失，竹节石全部灭亡，浮游植物的灭绝率超过 90%，腕足动物中有三大类灭绝，还有包括顶级掠食者邓氏鱼和胎生脊椎动物艾登堡母鱼在内的所有盾皮鱼、陆地脊椎动物的祖先真掌鳍鱼、提塔利克鱼以及所有头甲鱼都在这场浩劫中灭绝了(图 7-2)。而在陆地上，正在不断衍生的新种植物以及刚刚出现的两栖动物所受到的影响小得多。

这次灭绝的起因尚不清楚。从暖水海洋中物种不成比例地消失来看，应该是当时发生了气候变化，全球变冷可能是一个重要因素。同时还有迹象显示，当时比较浅的水域里氧气含量也下降了。有学者认为天体撞击导致灭绝事件的发生，泥盆系发现铱元素异常似乎支持了这一观点（天体撞击导致铱元素增加）。最近，中国科学院南京地质古生物研究所的研究指出，种子植物大规模发展导致此次灭绝事件："大冰期"发生前，种子植物生长范围从中低纬度地区迅速扩张到高纬度地区。植物大量生长与扩张，从两方面影响到大气中 CO_2 的含量。一方面，植物繁盛加速了岩石风化，风化使得硅酸盐和 CO_2 发生反应，形成碳酸盐沉积在海底；另一方面，植物的光合作用也会固定 CO_2，形成有机质埋藏起来。这两种方式都会导致大气中 CO_2 减少，地球失热加速，进而导致大冰期来临。

图 7-2　泥盆纪生物面临的死亡威胁

在这场灾难中，有一项了不起的进化：出现了首次能在陆地上行走的脊椎动物——提塔利克鱼。提塔利克鱼虽然灭绝了，但它们的一支进化成另一个物种——鱼石螈，它们迅速代替节肢动物成为陆地霸主。

3. 二叠纪-三叠纪大灭绝

在距今大约 2.5 亿年的二叠纪末期，地球平均温度 21℃。据统计，这次灭绝事件导致生物科数减少了 52%，物种数减少了 90%以上，受影响最大的是海洋生物。有 96%的海洋物种灭绝了，使得占领海洋近 3 亿年的主要生物从此衰败并消失，其中就包括三叶虫。在陆地上，有超过 3/4 的脊椎动物消失了，蜥蜴类、两栖类、兽孔目爬行类也急剧衰落（图 7-3）。这次事件被认为是地球史上最大、最严重的一次物种灭绝事件。这次大灭绝也使地球生态系统获得了一次彻底更新，为恐龙等爬行类动物的进化铺平了道路。造成这次大灭绝的原因有多种解释，包括海平面波动、海水盐度变化、火山活动及气候变化等。地球上的所有生命都源自那 4%的幸存者。

图 7-3　陆地生物急剧衰落

在石炭-二叠纪大冰期里，有孔虫目从开始发育迅速达到极盛期，腕足类和珊瑚的演化进入了新的阶段，裸子植物和种子植物开始发展，改变了过去以孢子植物为主的情况。这个大冰期结束前后，出现了占据世界陆地的爬行类——恐龙。

4. 三叠纪-侏罗纪大灭绝

三叠纪-侏罗纪大灭绝事件发生在距今大约 2.08 亿年的三叠纪末期，不少科学家认为这次灭绝的损失程度相对来说比较小。据估计，有 25% 的物种灭绝，其中主要是海洋生物。在这次灭绝事件中，牙形石类全部灭绝，菊石、海绵动物、头足类动物、腕足动物、昆虫以及陆生脊椎动物中的多个门类都走到了进化的终点。虽然这次大灭绝的损失相对较小，但为很多新物种的产生提供了有利的条件。恐龙就是从这个时候开始了它们统治陆地的征程。这次灾难并没有特别明显的标志，只发现海平面下降之后又上升，而且出现了海水大面积缺氧的现象(图 7-4)。

氧的变化

每次的大绝灭都凑巧与氧气含量的大幅度下降同步。

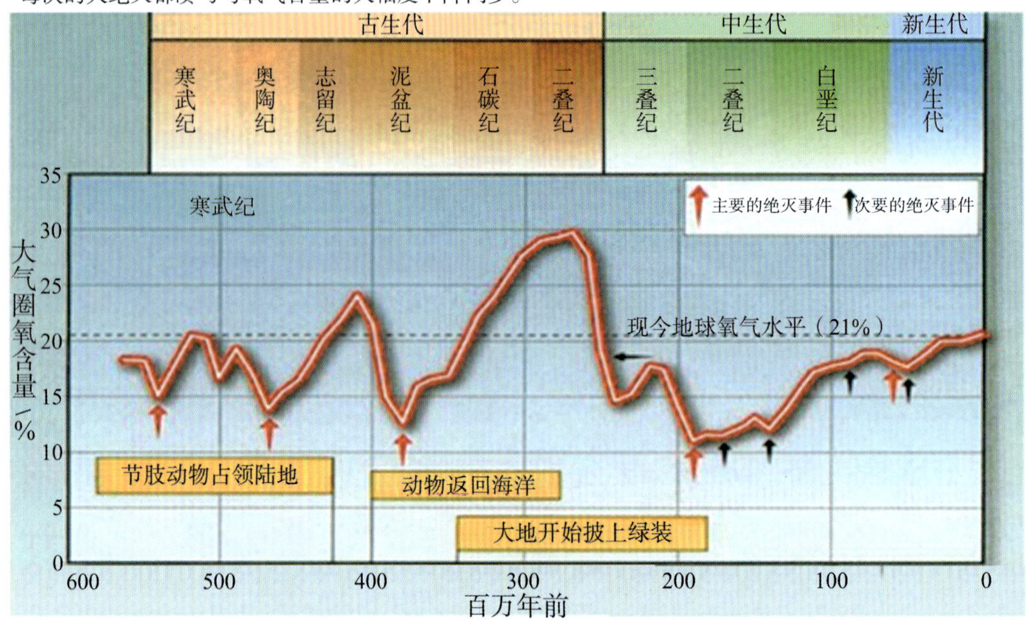

图 7-4　海水缺氧的变化

5. 白垩纪末生命浩劫

在距今大约 6 500 万年的白垩纪末期，发生了地球史上第二大的物种灭绝事件，有 75%～80%的物种灭绝。在五次大灭绝中，这一次大灭绝事件最为著名，因为长达 1.4 亿年之久的恐龙时代在此终结(图 7-5)。除恐龙灭绝之外，曾在前四次大灭绝中都幸免于难的菊石最终也灭绝了。恐龙及其同类的消失为哺乳动物及人类的最后登场提供了契机。

图 7-5　恐龙时代结束

造成这一灾难的原因，有各种解释。科学界普遍接受的一种解释是小行星撞击。在白垩纪末期，原本100多万种生物物种在地球上滋生繁衍，一派欣欣向荣的景象，不幸的是一个直径约10 km的小行星突然冲进地球的大气层，在陨石撞击地球之后，强大的冲击波激起大海啸，同时猛烈的爆炸把大量的高温碎片吹入大气层中，引发全球范围出现严重的火灾、暴风。全球的大气层充满了灰尘，遮天蔽日长达一年的时间，地球气温下降，导致植物大规模死亡，草食性动物随之接二连三地灭绝。对于食物链顶端的物种，由于失去了食物来源，包括恐龙在内的大部分肉食性动物也难逃灭绝的厄运，这就是第五次物种大灭绝事件。据估计，当时地球上75%的物种都消失了。

7.1.2　自然界生物进化历程

1. 人类祖先学会使用石器

当乘飞机越过浩瀚的印度洋进入东非大陆的赤道上空时，从机窗向下俯视，地面上有一条硕大无比的“刀痕”呈现在眼前，顿时让人产生一种惊异而神奇的感觉，这就是著名的“东非大裂谷”(图7-6)。这条长度相当于地球周长1/6的大裂谷，气势宏伟、景色壮观，是世界上最大的裂谷带，有人形象地将其称为“地球表皮上的一条大伤痕”。该裂谷宽几十千米至200 km、深达1 000～2 000 km，全长约5 800 km。

图7-6　东非大裂谷

东非大裂谷还是一座巨型天然蓄水池，非洲大部分湖泊都集中在这里，湖水水色湛蓝、辽阔浩荡，湖滨土地肥沃、植被茂盛，野生动物众多，大象、河马、非洲狮、犀牛、羚羊、狐狼、红鹤、秃鹫等都在这里栖息。

茂密的原始森林覆盖着连绵的群峰，山坡上长满了盛开着紫红色或淡黄色花朵的仙人掌、仙人球，野草青青，花香阵阵，林木葱茏，生机盎然。对于灵长类动物来说，这里就是“伊甸园”。

物产丰富，气候温和，生物能安然度过严冬。猴子生活在树上，夜里就悬在树枝上睡觉，以此来躲避在树下觅食的食肉动物。

不幸的是，地球逐渐冷却的气候使覆盖非洲的茂密森林支离破碎。丛林逐渐消失，灵长类命运多舛，几个离散的部落分享着剩下的几棵树。但树上的生活局限性很大，灵长类面临着被饿死的命运，要么下树，要么死去，人类祖先必须从树上下来，到远处寻觅更好的生存空间。研究者们分析了各种动物在走路时所消耗的能量状况，结果说明，在长距离迁移过程中，直立行走比起大猩猩和黑猩猩那样以两足和两前趾走路可以节约更多的体能。人类学家一直认为，我们的祖先之所以用两条腿直立行走，是为了解放出他们的双手，以便从事一些特有的人类活动，如制造工具。而实际可能并非如此，直立行走是这些恋树生物从一片森林向另一片森林迁移过程中所利用的最节能的方式。

第一个用两条后腿站立起来行走的"人"，他的勇敢改写了生物发展方向，改写了人类的命运。在苍茫的草原上，用后腿站立起来之后就能看得更远，也可以用解放出来的前肢使用工具。"进化"就这样自然而然地发生了，两足动物从此顶天立地。

他们开始留下全新的化石记录：石器。人类祖先用石块互击，敲掉边缘，制成简单的刀刃，用来劈砍或刨刮。他们并非唯一懂得制作及使用工具的类人猿。红毛猩猩会剥下长条树皮，用来搜寻树里的蜂蜜或白蚁；黑猩猩更灵活，懂得用树枝探物，还会把坚果放在石头上，再用另一块石头砸碎，仿佛在铁砧上打铁的铁匠。它们也懂得拿树叶当海绵吸水，或在雨中当雨伞，或铺在湿泥上当椅垫。然而人类祖先在 250 万年前制造的石器，却远非其他类人猿的智力所能及。在 40 亿年的地球生命史中，没有另一种动物曾经留下任何工艺的痕迹。

2. 第一次人类大迁徙

大约 200 万年前，这些古人类有一部分离开家园而踏上征程，足迹遍及北非、欧洲和亚洲的广大地带。北欧的森林白雪皑皑，印度尼西亚的热带雨林气候湿气蒸腾。想活命，就要适应，就要向不同的方向进化。于是，古人类就发展出不同的人种。

(1) 尼安德特人

欧洲和西亚的人类叫尼安德特人（图 7-7），简称尼人，因其化石发现于德国尼安德特山洞而得名。尼人具有庞大的身体结构和厚实的肌肉，有着耐寒的体格，面部尤其是鼻部明显向前突出，许多人解释为这是对寒冷气候的适应。

图 7-7　伊拉克 Shanidar cave 遗址发现的尼安德特人复原图(李潇丽,2019)

(2) 梭罗人与弗洛里斯人

生活在印度尼西亚的梭罗人,是在印尼爪哇的梭罗河谷 20 m 高的阶地上被发现的人类化石。这一人种很能适应热带的生存环境。在印尼还有一个小岛叫弗洛里斯(Flores),一群身高只有 3 尺的矮人生活在那里(图 7-8)。早在 800 000 年前,海水水位较低,弗洛里斯岛与大陆连在一起,原始人很容易登上岛屿。后来海水上涨,有些人就被困在岛上,与其他的人类隔绝,成为一个独立的原始人类群体。随着时间的推移,由于食物的缺乏和人口数目的增多,爪哇原始人的个体开始缩小,从而使得他们进化成为较小的个体,即弗洛里斯人。可以说,是与人类隔绝造成了爪哇原始人进化成弗洛里斯人的样子。

图 7-8　弗洛里斯人

(3) 丹尼索瓦人

2008 年,在西伯利亚南部阿尔泰山脉的丹尼索瓦洞发现了人类指骨化石,一同发现的还有一些装饰品和珠宝。指骨的主人是一名 5 到 7 岁的小女孩。丹尼索瓦人在身体结构上与穴居人和现代人存在差异,但他们也是用两条腿直立行走。他们的牙齿与 100 多万年前灭绝的直立人等生存年代更为久远的人类祖先类似(图 7-9)。

图 7-9　丹尼索瓦人

(4) 留在原地的东非人

留在原地的东非人也在不断进化,人类摇篮继续进化出许多新人种。例如,鲁道夫人(1972 年在肯尼亚鲁道夫湖东岸的库彼福勒发现一个头骨)、匠人以及智人等。

3. 第二次人类大迁徙

大约 10 万年以前,棕种人和矮黑人作为第一批离开非洲的人类开始向世界各地扩散(图 7-10),经过此后数万年的迁徙和演变,这一批人类在五六万年前来到了东亚和南亚并在那里定居了下来。而几乎与此同时,第二批人类走出了非洲,并且沿着与棕种人和矮黑人近乎相同的路线开始了征程,而这一批人类正是黄种人,也就是我们的祖先。当黄种人在距今 3 万年前踏上东亚与南亚交界处的时候,就已经宣布了先前居住在东亚大陆上的土著居民厄运的开始。相比于这些落后的土著,黄种人掌握了更为先进的种植、驯化和制造工具的技术,也就从客观上注定了黄种人代替土著人的结局。

人类何时到达了美洲?传统理论认为,11 150 年以前,在最后一个冰河期间,由于大量的水被陆上的冰川所留滞,海平面下降约 100 m,白令海峡海底露出变成连接亚洲和美洲的陆桥。生活在亚洲东部的人类从西伯利亚徒步穿过白令海峡陆地到达阿拉斯加。对传统理论最大的挑战来自智利海岸维尔德山的史前人类遗址。这个遗址测定为距今 12 500 年。在宾夕法尼亚州,考古学界在该州阿维那(Avella)发现的木炭和石器年代距今约 14 000 年到 17 000 年。那么,这些史前人类是怎样穿越大西洋到达北美洲的呢?新的说法是:这些史前人类从英格兰乘船到新斯科舍,经过散布着冰川和浮冰的大西洋,他们以冰川上的海豹和海鸟为食,并随着向西迁徙的飞鸟群到达了美洲东部海岸。到达美洲西部海岸的亚洲人也极可能是航海者,他们可能是乘着独木舟,沿着太平洋海岸到达阿拉斯加,然后朝南直到智利。在加利福尼亚州南岸海岛上的史前人类遗址就发现了贝壳和疑为渔网的绳状物,证明这些人类是海上渔夫。

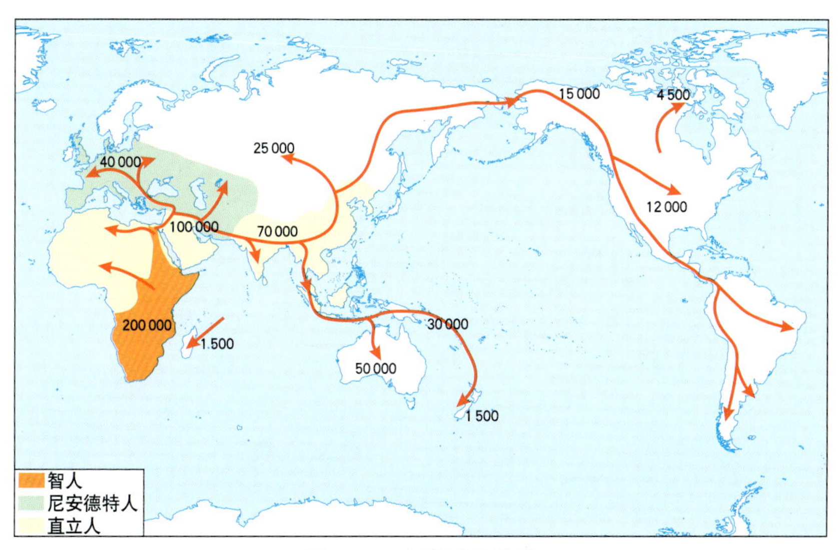

图 7-10　人类迁徙路线

4. 动植物界

地球进入冰期时代也不是到处冰天雪地，有许多地方可以作为它们的“避难所”。我国湖北西部和四川东部地区，水杉经历第四纪冰期而保留至今，成了举世闻名的活化石；更新世初期和中期活跃在华南和华中的熊猫，经过几次冰期还在川西山地生活着；广西和四川的银杉也是这样。大理冰期时，我国南方山区和山麓地带生长着大片冷杉林，冰后期气候转暖，它们被迫向山上迁移，仅在鄂西北神农架等少数海拔较高的山峰上还有残留。最近，在浙江南部庆元县百山组海拔 1 700 m 的地带发现了六株冷杉，它是大理冰期遗留的“活化石”。由此可知，冰期和间冰期气候的交替出现，不但促进了生物的进化，而且使生物界种类丰富多彩，形成欣欣向荣的景象。

地球上的气候处在不断变化和发展之中，因此，气候变迁是正常的。只是有时处在相对地静止阶段，在短期内不易觉察；有时处在显著的变动阶段，容易被人们感觉到。气候的所谓“异常”和“正常”是相对的，气候变迁的幅度在人们已有认识的范围内，就被理解为“正常”，一旦超出了人们已有认识的有限范围，就会被当成“异常”。如果我们把当前气候变迁的特点放到地质历史中去认识，就很容易把这种气候变迁理解成正常的现象了。

7.2　积极应对

我们生活在一个充满各种问题、各种刺激的时代。人类只有一个地球，生态环境是人类生存和发展的根基，顺应自然、保护生态的绿色发展才有未来。“我们要像保护自己的眼睛一样保护生态环境，像对待生命一样对待生态环境，同筑生态文明之基，同走绿色发展之路！”

“宇宙间一切事物都是运动的，对立统一，质量互变，推陈出新，永无止境。”这是马克思唯物主义哲学指导我们认识世界的科学方法。一切都会有办法解决的。

7.2.1 减少排放

1. 人口迅速增加

自人类圈开始形成，人地关系具有明显的全球性质。人类圈最基本的状态变量是人口数量，随着人类文明的进步，全球人口呈现加速增长的趋势(图 7-11)。

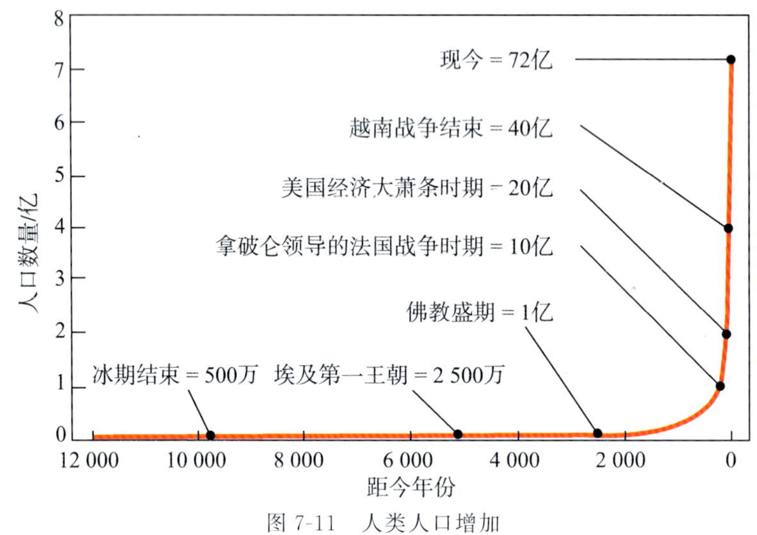

图 7-11 人类人口增加

一万年前，冰期结束，人类只有 500 万人口；埃及第一王朝，人口数量增加到 2 500 万；佛教盛期，人口 1 亿；拿破仑领导的法国战争时期，人口达 10 亿；美国经济大萧条时期，人口 20 亿；越南战争结束，人口 40 亿，仅仅 50 年，人口就增加一倍。现今人口数量 72 亿，并且以每年 1%的速度增加，预计到 2025 年将达到 82 亿。预计 2050 年世界人口将超过 90 亿，甚至可能达到 105 亿，对地球环境的影响可能还会加剧。《地球生命力报告 2012》指出：人类对自然资源的需求自 1966 年以来翻了一倍，人类现在每年使用的资源量相当于 1.5 个地球的资源；按目前的发展模式，预计到 2030 年人类每年将需要 2 个地球的资源量来满足自身的需求。

2. 减排的效果

减排，指节约能源和减少环境有害物质排放。减排的具体定义指能减少资源投入和单位产出排放量的技术变革和替代方式。有一些社会的、经济的和技术的政策能减少同气候变化有关的温室气体排放，对地球升温减缓是有成效的(图 7-12)。

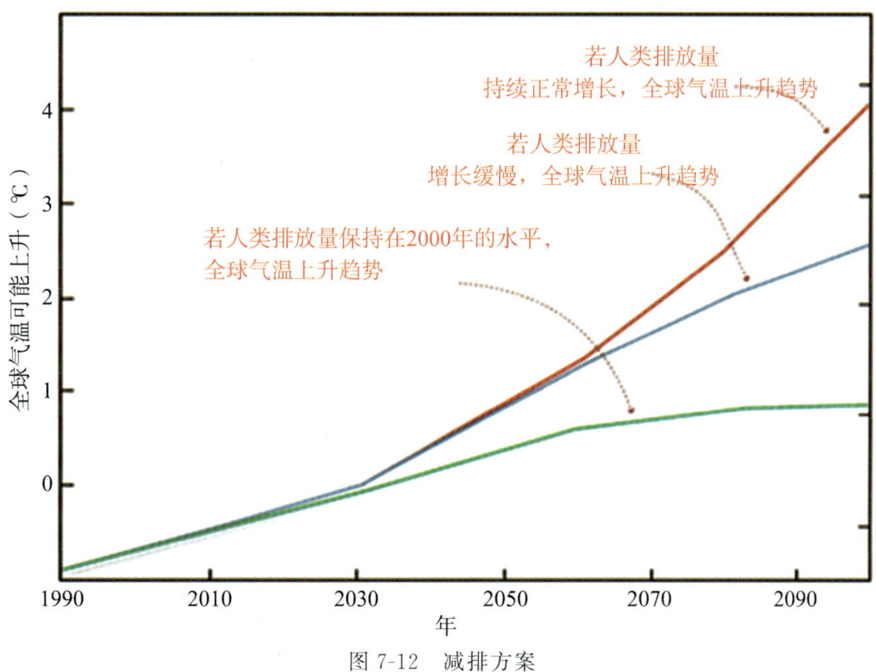

图 7-12　减排方案

7.2.2　增加海洋对大气中 CO_2 的吸收

(1) 海洋与碳循环

众所周知，工业革命对环境最根本和长远的影响，就是大大增加了大气中所谓的“温室气体”，即主要是由于化石燃料的燃烧、水泥制造等人类活动而排放的 CO_2。有的人认为，CO_2 像温室的玻璃或者透明塑料那样，阻止地表辐射向外逃逸，从而导致全球变暖，也有科学家提出严正质疑。大气中 CO_2 含量变化的研究成了最受关注的问题。

全球碳循环是当前全球变化和区域可持续发展研究的核心之一。为了减少全球环境变化估测的不确定性以及地球系统的可持续管理和区域社会经济的可持续发展，百年—千年—万年时间尺度上地质过程与碳循环关系的研究是全球碳循环研究中不可缺少的重要环节。

我国广大地区通过诸多地质过程对全球碳元素的地球化学循环有重要影响，其中包括大陆风化作用、有机质的埋藏、岩溶过程、风尘循环过程对海洋生态的控制作用、构造活动区 CO_2 释放、不同时间尺度陆地生态系统的变化对碳循环的影响、边缘海和冻土区天然气水合物形成演化过程等。

(2) 海洋对 CO_2 的吸收

古气象学家在南极东方站(Vostok)钻取了深达 2 000 m 的冰柱，他们通过研究冰柱薄切片中的小气泡发现，在工业时代前夕，即 19 世纪初，大气中 CO_2 的浓度大约只有 280 ppm。从 1958 年开始，夏威夷莫那劳亚(Mauna Loa)火山峰附近的气象台对大气中 CO_2 浓度直接作定期检测，结果显示，1994 年其浓度相较于 1 800 年增加了

28.2%,达到 359×10^{-6},这相当于大气的含碳总量实际增加了 165 Pg C(1 Pg=10^{15} g,即 10^8 t)(图 7-13)。但奇怪的是:在 1 800—1 994 年,人为活动产生的 CO_2(化石燃料燃烧)总排放量却有 244 Pg C 之多。换而言之,人类活动所产生的 CO_2,大约只有 2/3 停留在大气中。那么,其余的 1/3 跑到哪儿去了呢?

如此大量气体的储存库只可能有两处——陆地和海洋。陆地表面太复杂了,它对碳的吸收是难以精确探测的,而海洋则比较简单。从 1990 年开始,在国际合作计划的推动之下,海洋科学工作者已经朝这个方向全面动员起来。他们基于 95 次海洋巡航所汇集的勘探数据进行综合研究分析,终于可以肯定,人类活动产生的 CO_2 的确有很大部分是被浩瀚的海洋吸收了!

当然,海洋并不是个固定的容器,它本身的多种生物和化学过程都可能影响海水对 CO_2 的吸纳容量。有趣的是:在 1800—1994 年将近两个世纪的时间内,全球海洋中的人类活动产生的 CO_2 增量为 118 Pg C。这大约是上文所提到的人为碳排放总量的一半,而并非我们预期的 1/3。

显然,这两者的差额只能用陆地系统中储存的 CO_2 来解释。倘若将全球气候系统(大气、海洋和陆地)视为整体,那么它必须处于平衡状态,所以过去 200 年间陆地碳含量变化应为 244 Pg C(总排放量)－165 Pg C(大气含量)－118 Pg C(海洋含量)=－39 Pg C,也就是说,陆地不但没有储藏 CO_2,反而对大气贡献了 39 Pg C。当然,它不是来源于工业,因为工业的贡献已经计入化石燃料,它只能来自大规模森林砍伐和燃烧。由此可见,海洋是人为排放 CO_2 的最庞大储存库。倘若没有这个储存库,可以推算,现今大气中 CO_2 浓度就会增加到 435×10^{-6},而不是实际的 380×10^{-6},而地球升温的问题也会比目前更加严重。

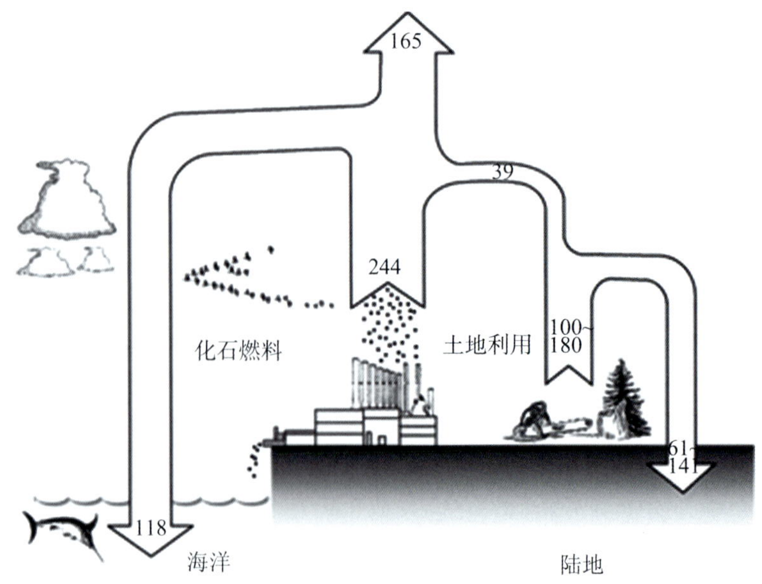

图 7-13 大气—海洋—陆地系统中人为排放 CO_2(单位:Pg C)的来源、储存及路径示意图

事实上,海洋吸收 CO_2 是个非常缓慢的动态过程。据估计,目前海洋对 CO_2 的吸

收能力仅仅达到其长期潜能的1/3，大约有90%的人为排放CO_2将最终可以被海洋吸收，但这可能是几千年之后的事情了。那么，为什么这储存库的大门不能开得大一点呢？关键在于，大气中的CO_2必须先通过空气和海水的界面而溶解在海洋表层，然后才能够从表层渗透入其内部和深层，而这些过程的速率决定于许多不同因素。海洋中的CO_2大部分存储于表层：事实上，它大约有一半是在深度不超过400 m的海水中。但即使海表层的CO_2含量也还有显著横向变化，即在热带海域含量较低，在温带海域含量较高。热带海域含量较低有两个主要原因：① 很多近赤道地区都出现海水上涌(Upwelling)的现象；② 热带海洋表层与内部的密度之间存在急剧增加的梯度（主要由于高温和大量降雨造成表层密度降低），两者都阻碍CO_2往下渗透，从而限制了其整体含量。在北大西洋和部分海洋的温带海域，却可以在更深层次观测到高浓度的CO_2，这主要是因为此区表层海水密度较高，垂向混合增强，为CO_2渗透到更深层海域提供了有效的途径，提高了该区海水中CO_2的整体含量。

总而言之，大气中由人类活动排放的CO_2相当大的部分是被海洋吸收了，吸收速率取决于海洋本身的结构（温度和盐度）以及海水运动（包括垂直的涌流和水平的洋流），而吸收量目前还远远未达到饱和状态。假如CO_2的排放得以控制，从数千年的时间尺度来看，我们好像大可不必为温室问题而过度担忧了。其实不然，除了产生直接的温室效应以外，大气中的CO_2还有其他间接、微妙的作用，其最终影响可能意想不到的巨大。

(3)“你给我半条船的铁，我给你一个冰河时代”

面对日益严重的CO_2增量，科学家束手无策，人心惶惶。就在这个时候，美国海洋学家约翰·马丁提出了一个新点子：我们何不把过多的CO_2转移到深海去(图7-14)。他说，我们只要把足够的营养素倒入海水中，促进浮游植物的生长繁殖，就能多吸收大气中的CO_2了，具体做法是把100万吨的铁粉撒在南大洋上即可。马丁脍炙人口的口号就是：“你给我半条船的铁，我给你一个冰河时代。”

他的想法立即引起了海洋学术界的一片哗然。马丁为什么要用铁来促进浮游植物的生长，试验地点为什么要选择南大洋？

① 铁在地壳中的丰度为5.6%，但是在海水中的浓度却很低，特别是大洋中只有$(0.05\sim2)\times10^{-9}$ mol/L。在海洋生物地球化学过程中，铁是一种举足轻重的元素。在植物的光合作用、电子呼吸链、氮的还原、叶绿素合成等方面有重要作用。特别是对浮游植物，铁的重要性远远超过了其他微量元素。

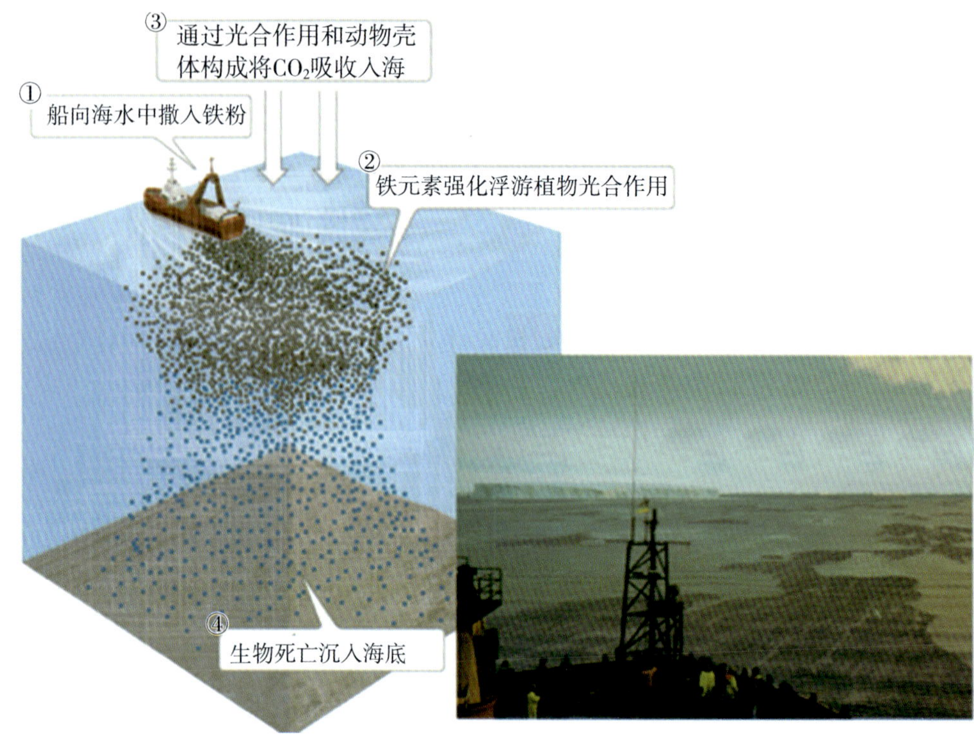

图 7-14　在南大洋释放铁粉

在类似南大洋和赤道太平洋的海域，与其中主要营养盐（氮、磷、硅）的高浓度相比，其浮游植物的生物量却很低。近年来的研究表明，这些区域的生物量是由铁限制的。

② 南极附近的海域中，光合作用很旺盛（高生产力）的区域，溶解铁含量就高；光合作用低落（低生产力）的区域铁的浓度就低。根据上述的研究发现，马丁更进一步推论，如果在南极的高营养盐海域撒下相当量的铁，经由浮游植物大量生长繁殖，同时利用 CO_2 进行光合作用，可提高海洋对 CO_2 的吸收速率。由于此处海域如此之大，且营养盐丰富，必然能够降低空气中的 CO_2，降低温室效应的威胁。这个推论就是所谓的“铁假说”。

那要丢下多少的铁呢？又能吸收多少的 CO_2 呢？

浮游植物体内的碳、氮、磷元素含量有一固定的比值，即 C∶N∶P 大约为 106∶16∶1，又知道氮和铁的比值约为 5 000∶1。因此可以推出，浮游植物生长时每吸收一个铁原子，就同时得“吸收”或“固定”33 000 个碳原子。根据这样的比值，并计算南大洋多出的硝酸盐及磷酸盐可用量，便可大致估计出应撒下多少量的铁及可能吸收多少量的 CO_2。

马丁等人假设：富含硝酸盐的南大洋海水有 3.2×10^6 km^3，其中硝酸盐的平均浓度为 25 μmol/kg。对浮游植物而言，其碳氮比值是 6.6。根据以上的数值，马丁等人推测，如果充分利用这些硝酸盐，则可除去大气中 6.4×10^9 t 的碳（来自大气的 CO_2）。这个量值和每年因化石燃料燃烧及森林砍伐所造成的大气 CO_2 量值相当。

添加铁会在营养成分含量高、叶绿素含量低的水域造成浮游植物繁盛，但浮游植物繁盛的结果以及由此而造成的深海碳封存的程度却仍然不确定。已有研究表明，碳因“铁施肥”而被输送到深海，其中浮游植物繁盛所涉及的生物质中至少有一半沉降到

1 000 m以下的海中。

围绕海洋生物泵的效率以及“铁假说”,有人提出相反质疑。

① 海洋中的生物地球化学循环复杂无比,不是依据简单比例就可推算出来的。这需要谨慎地利用模式进行分析和评估,看一看到底有多少 CO_2 会被吸入。如果吸入量有限,那是否值得花大笔的钱来做这种冒险。

② 即使 CO_2 被浮游植物吸收,经食物链的转化后,有多少以有机物形态沉降到深海。若未以沉积物形态埋藏于海底,经深海洋流带到北太平洋后,最终将转向表层。CO_2 又会再度释放出来。

③ 更有科学家认为,在未深入了解大自然的运作法则之前,不宜轻易操纵大自然的规律。

7.2.3 建立生态保护区

世界自然保护联盟将海洋保护区界定为:“海洋保护区的潮间或低潮地带的任何区域,连同所覆盖的水域及相关植物、动物、历史和文化特点,以法律和其他有效手段加以保留,以保护部分或全部封闭环境。”目前世界各国对海洋自然保护区的定义和分类存在不一致的情况,多数国家按国际惯例将建于海岛、沿岸、海域的保护区均称为海洋自然保护区;而少数国家只把建于海上的保护区定义为海洋自然保护区。另外,国际上海洋类型的自然保护区名称也多样化,如国家公园、海洋公园、海洋保护区、河口或沼泽保护区等。目前,世界上已建的海洋生物保护区有河口型、珊瑚礁型、海洋型、岛礁型和海岸型等五种类型,保护的对象各不相同。

20世纪70年代初,美国率先建立国家级海洋自然保护区,并颁布《海洋保护、研究和自然保护区法》,使建立海洋自然保护区的行动法制化(图7-15)。

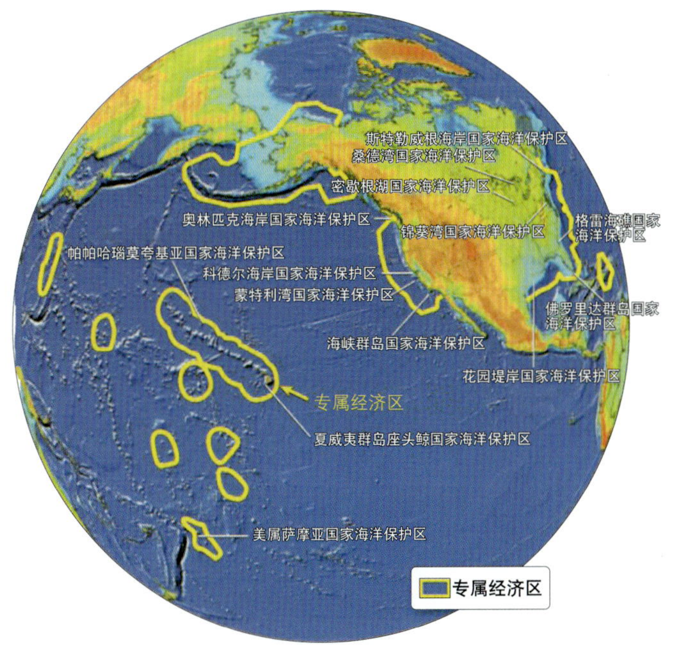

图7-15　美国国家海洋保护区(以200海里经济区为界)分布

目前，我国省级海洋自然保护区共有 26 个（图 7-16），保护面积约 28 700 km^2，共有 15 处国家级海洋特别保护区；累计修复岸线超过 190 km，修复海岸带面积超过 65 km^2，修复滨海湿地面积约 20 km^2。

图 7-16　中国海洋生态自然保护区

根据世界自然保护联盟发布的报告，全球已建有 1.5 万个海洋保护区，面积超过 1.85×10^7 km^2，占全球海洋总面积的 5.1%。至 2016 年，世界上最大的海洋自然保护区是澳大利亚的大堡礁保护区（图 7-17），面积为 2.1×10^5 km^2，相当于英格兰和苏格兰国土面积之和。2016 年 10 月，由中国、新西兰、澳大利亚、美国、欧盟等组成的南极海洋生物资源养护委员会（CCAMLR）通过了在罗斯海划设海洋保护区的协议，该协议被美国《国家地理》杂志评为全球年度五大环护成果之一。2017 年 12 月 1 日，世界上最大的海洋保护区——罗斯海海洋保护区正式生效，保护区面积达 $1.55\times10^{6}\ km^{2}$，其中超过 70%的面积（$1.12\times10^{6}\ km^{2}$）完全禁止任何捕鱼作业。

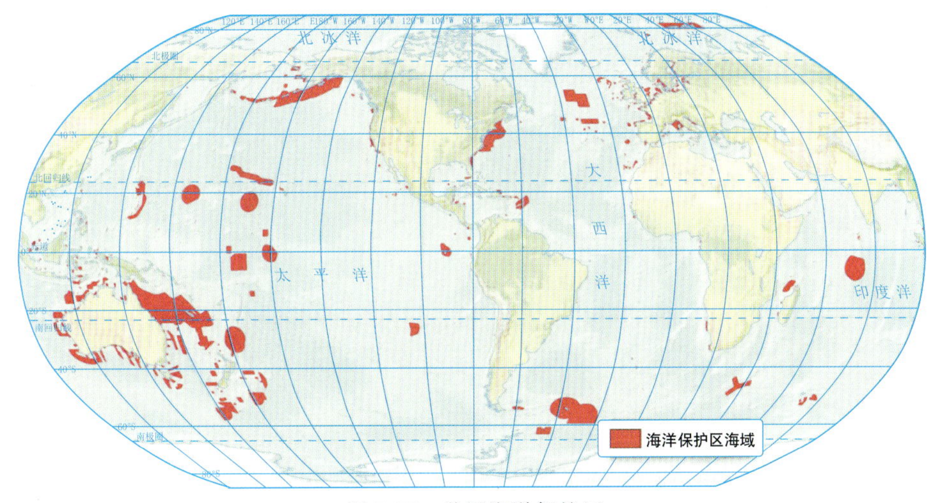

图 7-17　世界海洋保护区

7.2.4　给地球降温

新加坡在给地球降温方面已经走在了前列，图中这些名为“超级树”（图 7-18）的智能绿色植物可以吸收热量，并提供树荫，从而有效控制城市温度。这些树实际上是复杂的垂直花园，由超过 200 种植物组成，顶上还加盖了太阳能板。

图 7-18　超级树（摄影：Palani Mohan，国家地理）

在德国弗莱堡，建筑师 Rolf Disch 为他的太阳能社区建造了所谓的“正能源屋”（图 7-19），这些房子所产生的能量比消耗的要多。

图 7-19　正能源屋(摄影:Harold Cunningham,盖蒂图片社)

在阿姆斯特丹的郊区,这条路既可以当做自行车道,又能产生能量(图 7-20)。在 100 m 长的太阳能路上,部分地方铺设了光伏电池,并加盖了钢化玻璃。自 2014 年 10 月开放以来,这条路已经生产了 3 000 kW·h 的电力。

图 7-20　路面发电(摄影:Solaroad)

随着气温升高,阿拉斯加的冻土(常年保持冰冻状态的土层)渐渐消融,公路被大规模破坏。费尔班克斯的工人正在安装聚苯乙烯隔热片,防止路面变形或出现凹坑(图 7-21)。

图 7-21　道路重组(摄影:Wendy Koch,国家地理)

7.3　关注未来

7.3.1　危险一——陨石撞击

天文事件影响地球生命的最著名案例就是恐龙灭绝假设，即 6 600 万年前巨大陨石撞击地球导致恐龙灭绝。1991 年，科学家们在墨西哥尤卡坦半岛发现直径超过 160 km 的撞击坑(图 7-22)，其地质时代恰好与恐龙灭绝相符，从而为这种说法提供了佐证。陨石撞击地球释放的能量是氢弹的 100 万倍，可触发全球性大火。此外，撞击引发的灰尘和碎片可以遮蔽阳光，导致其后数年温度急剧下降。

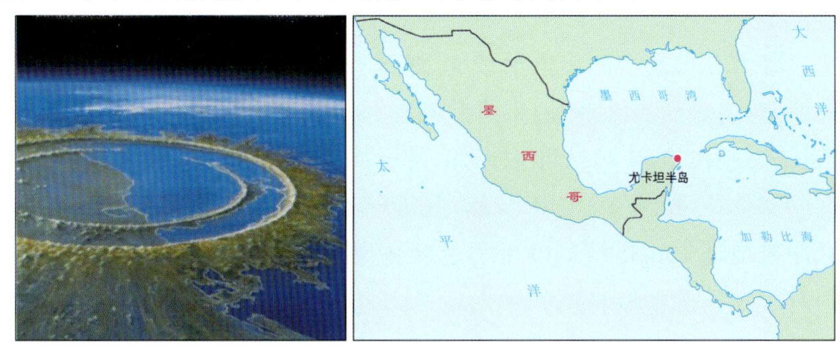

图 7-22　墨西哥尤卡坦半岛的陨石撞击坑

7.3.2　危险二——撞分子云

如果太阳系撞上大分子云(星系尘埃)会如何？科学家认为，当太阳系穿过大分子云时(图 7-23)，导致地球暴露在高危宇宙射线中，从而导致生命灭绝，分子云反射太阳光导致地球温度下降，将会把地球带入寒冷期，最终地球会变成“雪球”。恐龙灭绝只是已知大灭绝事件之一，最大灭绝事件发生在 2.52 亿年前的二叠纪，它可能就是太阳系撞入分子云的结果，导致当时地球上 96％的生命灭绝。

图 7-23　撞分子云

7.3.3 危险三——宇宙射线

1. 天文事件可能对地球生命产生重大影响

太阳系穿过银河系的螺旋臂时，其位置变化可能导致宇宙射线发生改变，穿透太阳系击中地球。宇宙射线由高能亚原子粒子组成，可通过不同方式对地球环境产生影响，进而影响生命进化。宇宙射线本身可能是有害的，当它们与空气中的分子相撞时，产生的粒子可能诱导 DNA 发生突变。

对生命来说这不是个好消息，但低水平的突变实际上促进了自然选择的多样性，让生命更多姿多彩。宇宙射线还可改变大气中的化学成分，影响气候和云的形成，甚至毁掉保护地球的臭氧层。

2. 超新星爆发

地球总是暴露在低水平的宇宙射线中，超新星爆发可能产生更致命的影响。如果超新星爆发，地球将遭遇到大麻烦，不只是高能粒子的影响，还有 X 射线、γ 射线等。但是，超新星需要在距离地球 30 光年内爆炸，才会对地球造成致命影响。

据天文学家估计，过去 1 100 万年间，在地球 420 光年范围内有多达 20 颗超新星，最近的一颗距离地球 130 光年。可指示超新星爆炸的成分包括^{60}Fe，在地球上无法自然形成。但科学家在深海富钴结壳中发现过大量^{60}Fe，月球土壤中也发现过，它们可能是 320 光年外的超新星爆炸留下的。

这些距离遥远的 X 射线和 γ 射线本身不会对地球生命产生太大影响，它们无法穿透大气层，不会引发大规模灭绝。但它们可以破坏臭氧层，造成间接危险，对生物造成严重影响，比如 260 万年前的小规模灭绝事件。

3. 伽马射线暴

伽马射线暴是宇宙中已知能量最强的爆炸，最长可持续释放 γ 射线数个小时。幸运的是，到目前为止，伽马射线暴都在遥远的星系发生，而且每隔 1.7 亿年左右才会出现一次。尽管其十分罕见，但地球已经经历了许多次，4.4 亿年前奥陶世发生的大灭绝事件可能与此有关。

与超新星爆炸相似，X 射线和 γ 射线会严重破坏臭氧层，通过诱导大气层中氮化物凝结成雾遮蔽阳光，促使全球温度下降。在奥陶世时，浅水海洋生物暴露在紫外线照射下，受到严重影响。

4. 终极杀手暗物质

名为暗物质的神秘宇宙物质可能是恐龙的终极杀手。暗物质无法与光直接作用，为此我们很难直接看到它。它可通过重力影响普通物质，目前还未发现任何暗物质粒子，但多数科学家都确信，暗物质真实存在。

暗物质粒子可能会被地核捕捉和湮灭，这个过程加剧了地球内部的环境变化，其释放的能量使得地质活动变得更加活跃，从而产生“地球脉搏”。这似乎暗示了暗物质等天体行为和现象影响着地球生命的进化。

这些天文事件是否与地球生命灭绝有关还未获得证明，但即使如此，我们也可以发现地球生命与某些宇宙力量的联系。这些事件的时间尺度跨越非常大，我们无须担心有紧迫的生存威胁出现，但这并非意味着人类文明可对太空威胁视而不见。

7.3.4　危险四——甲烷泄漏

甲烷（天然气）水合物是由甲烷和水组成的晶体固态物质，在适当的温度（$<7℃$）和压力（$>5\times10^6$ Pa）条件下，可广泛存储于大陆边缘海相沉积和极区永冻地层中。它不仅可研究甲烷渗漏产生的沉积结构与构造，还可能记录了甲烷氧化与化学风化导致的海水化学条件变化信息。甲烷氧化消耗氧气，大量甲烷释放到大气和海洋中会导致大气含氧量降低和海洋缺氧，对后生动物的演化产生重要影响。最早的动物化石恰好出现在盖帽碳酸盐岩沉积之后，可能表明甲烷释放与地质历史上最大的生物创新性演化存在着因果关系。

据目前估计，全球至少有 10 000 Gt（1 Gt$=1\times10^6$ t）碳以甲烷的形式存储于水合物中，其总量相当于地球上各种化石燃料，包括煤、天然气、石油总和的 2 倍。如此巨大的碳储库一旦分解释放，会使巨量的甲烷进入海洋和大气，导致全球碳循环和气候发生重大变化，从而引起生物集群灭绝或适应性创新。有证据表明，在第四纪、古新世-始新世界线附近、早白垩世、早-中侏罗世、二叠-三叠纪界线附近可能发生过大规模的甲烷水合物分解释放事件。这些事件不仅改变了全球气候与海洋化学条件，还可能导致了生物圈的灾变。甲烷释放可能导致全球变暖，促进全球冰川迅速融化；而甲烷氧化导致的海洋缺氧和大气含氧量波动可能是新元古代末期后生动物演化的重要环境驱动因素。

大规模甲烷水合物分解释放往往起因于全球快速变暖引起的温度变化或海平面快速下降导致的压力变化。新元古代晚期以强烈的冰期为特征，对研究甲烷释放事件具有特殊意义。寒冷的冰期可使水合物储库的分布从大陆斜坡扩展到整个大陆架，而冰期末大幅度的温度变化极有可能使水合物储库发生分解释放。覆盖于冰成岩之上的盖帽碳酸盐岩为研究这一事件提供了独一无二的证据。

7.3.5　关注氧气含量的变化

通过分析化石琥珀里的气泡后认为，人类文明史之前的氧气含量曾超过 30%，而如今只有 21%。从地球刚诞生时几乎没有氧气（40 亿年前）（图 7-24），到后来 1%～3%的氧气含量（约 24 亿年前），再到后来 10%～12%的含氧量（6 亿～7 亿年前）。地球历史上氧气含量最高的时候大约为 35%（2.8 亿年前）。此时，地球处于石炭纪晚期，所有陆地连在一起，形成一块超级大陆——盘古大陆（泛大陆）。石炭纪的盘古大陆约 99%由针叶林覆盖,树木产生了大量的氧气,使得地球的含氧量达到最高峰。

石炭纪的含氧量极高,促进了昆虫的进化。两栖动物在超级地幔柱事件中由硬骨鱼进化而来,由于没有竞争对手,它们进化出了巨大的体型。

随后氧气浓度剧烈下降到约 11%(此时发生了生物大灭绝,为 2.5 亿年前),再后来氧气浓度逐渐上升,逐渐稳定于现今 21%的水平。

如果大气中的氧气含量高于 36%,地球上的生物氧气吸入量就会增多,长时间吸入过多的氧气,就会出现氧气中毒现象,因为人类的身体只能承受 21%左右的氧气含量,吸入太多的话,也会出现"消化不良"的现象。

体格越大,需要的氧气就越多,所以在 6 500 万年前,地球氧气含量还在约 30%的时候,地球上会有恐龙生存。一方面,足够的氧气含量可以供应恐龙庞大的身躯;另一方面,也只有庞大的恐龙能消耗那么多氧气。

如果地球上的氧气含量持续升高,随着时间的推移,地球上的生物可能会变大,寿命会变长,人类如果还没有灭绝,可能会变成巨人,所有的动物也会向着 3 亿年前的"巨虫时代"发展,而且植物会长得异常庞大,人类的生存将越来越艰难,地球会变成一个巨型昆虫横行的世界。

反之,如果地球上的氧气含量持续降低,随着时间的推移,地球上的生物可能会变小,寿命会变短,所有的动物会向着"迷你生物"发展。人类想要继续生存下去,还需要依靠科技的力量自己制造氧气。

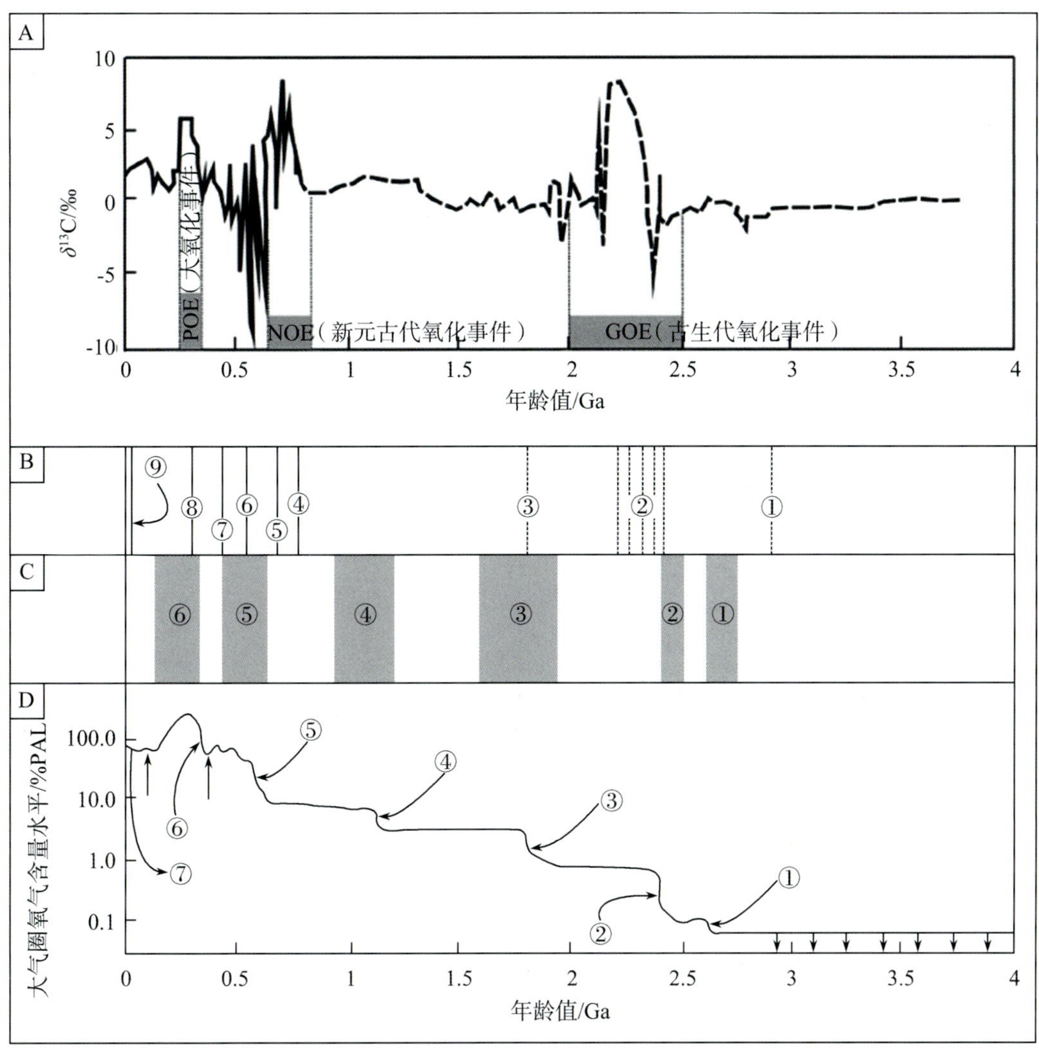

图 7-24 太古宙以来主要的地质过程（梅冥相，孟庆芬，2017）

图示说明如下。

曲线 A：碳同位素曲线，整个地球历史的 δ^{13}C 记录，其中虚线代表了有限的资料。注意被定为巨型氧化作用事件的 GOE、NOE 和 POE 所代表的大气圈氧气上升及气候变冷过程，对应着碳同位素异常事件代表的动荡的碳循环过程。

曲线 B：冰川作用时间。①代表地球上最古老的冰川作用（2.9 Ga），②代表休伦冰川作用（2 420～2 250 Ma），③代表 King Leopold 冰川作用（1.8 Ga），④代表 Sturtian 冰川作用（720～658 Ma），⑤代表 Marinoan 冰川作用（655～635 Ma），⑥代表 Gaskiers 冰川作用（584～582 Ma），⑦代表晚奥陶世冰川作用，⑧代表石炭纪-二叠纪冰川作用，⑨代表第四纪冰川作用。太古宙和古元古代冰川作用的时期是不确定的，所以用虚线表示。

曲线 C：超大陆的形成时期。①代表地球上最古老的超大陆即基诺超大陆，②代表奴纳乌提亚超大陆，③代表哥伦比亚超大陆，④代表罗迪利亚超大陆，⑤代表冈瓦纳大陆，⑥代表泛大陆。

曲线 D：大气圈氧气含量变化曲线，箭头所指代表相对较低的氧气含量周期，大气圈氧气含量上升的步骤表示为①至⑦。

1898 年，英国物理学家凯尔文曾指出：随着工业的发展和人口的增多，地球上的氧气 500 年后将全部被消耗光。地球温度上升，冰川融化。据科学家预测，如果南极大陆的冰川因高温而融化，其增加的水量可淹没荷兰等一些地势较低的国家，那时的陆地面积可能只占地表面积的 5%～10%。

当然，凯尔文的说法有些言过其实。首先，事实上，除了绿色植物在消耗 CO_2 外，科学家们还发现，在 CO_2 和水的作用下，岩石中所含的碳酸钙会变成酸式碳酸钙，这种形式的碳酸钙可以溶解在水中。其次，地球上生长着种类丰富、数量众多的绿色植物，它们在光合作用中会吸收大量的 CO_2，同时生成氧气。因而有人乐观地认为，地球不会变成 CO_2 的世界，但 CO_2 的含量会略有增加。

至于地球冰川全部融化导致陆地面积减少以及植被光合作用下降的担忧，英国班戈大学的科学家在《地球物理研究通讯》上发表论文称，自上一个冰河纪以来，海平面的升高阻止了人类全面感受全球变暖的影响，因为更多的有害温室气体被海洋吸收了。目前，人为排放的 CO_2 只有大约一半留在大气中，剩下的 50% 则被森林等陆地体系以及海洋吸收了。此外，海洋中浮游生物的繁殖是吸收大气中 CO_2 的一个重要机制。

参考文献

[1] Goldstone J A. The new population bomb: four population megatrends that will shape the global future[J]. Foreign affairs, 2010, 89: 31－43.

[2] Petit J R, Jouzel J, Raynaud D, et al. Climate and atmospheric history of the past 420,000 years from the Vostok ice core, Antarctica[J]. Nature, 1999, 399: 429－436.

[3] S. 弗雷德·辛格，丹尼斯·T. 艾沃利著，林文鹏，王臣立译. 全球变暖—毫无由来的恐慌[M]. 上海：上海科学技术文献出版社，2008.

[4] 曹文振. "气候变化"问题剖析[J]. 太平洋学报，2011, 19(6): 61－67.

[5] 李潇丽. 更新世气候变化与欧亚大陆人类演化[J]. 化石，2019, 1: 8－15.

[6] 梅冥相，孟庆芬. 大气圈氧气上升与生物进化：一个重要的地球生物学过程. 现代地质，2017, 31(5): 1022－1038.

[7] 魏唯. 全球变暖还是变冷？[J]生命世界，2010, 2: 38－41.

[8] 赵宏图. 气候变化"怀疑论"分析及启示[J]. 现代国际关系，2010, 4: 56－62.